U0179156

中国衣冠举止图解（珍藏版）

找寻遗失在西方的中国史

［英］

威廉·亚历山大
乔治·亨利·梅森
哈迪·乔伊特
著

赵省伟
主编

孙魏　邱丽媛
译

北京日报出版社

图书在版编目（CIP）数据

西洋镜：中国衣冠举止图解：珍藏版 / (英) 威廉·亚历山大, (英) 乔治·亨利·梅森, (英) 哈迪·乔伊特著；赵省伟主编；孙魏, 邱丽媛译. -- 北京：北京日报出版社, 2022.10
ISBN 978-7-5477-4329-4

Ⅰ. ①西… Ⅱ. ①威… ②乔… ③哈… ④赵… ⑤孙… ⑥邱… Ⅲ. ①服饰文化—中国—图解 Ⅳ. ①TS941.12

中国版本图书馆CIP数据核字(2022)第097302号

出版发行: 北京日报出版社
地　　址: 北京市东城区东单三条8-16号东方广场东配楼四层
邮　　编: 100005
电　　话: 发行部: (010) 65255876
　　　　　总编室: (010) 65252135
责任编辑: 卢丹丹
助理编辑: 胡丹丹
印　　刷: 唐山才智印刷有限公司
经　　销: 各地新华书店
版　　次: 2022年10月第1版
　　　　　2022年10月第1次印刷
开　　本: 787毫米×1092毫米　1/16
印　　张: 17
字　　数: 237千字
印　　数: 1—3000
定　　价: 128.00元

序

杨葵

穿什么，是文明问题：从我们的祖先兽皮草木遮羞，直至如今繁花似锦般的服饰，这是文明的进步。怎么穿，是文化问题：从仅以兽皮草木遮羞，直至如今的“薄露透”盛行，文化前进的轨迹——单从这一点讲——颇有轮回之意。而无论文明还是文化，几千年来始终被人们喋喋不休，且愈讲愈细、愈讲愈烈，讲过的重新探赜，遗漏的重新挖掘。比如现在已经进入“互联网+”时代，一批创作于二百多年前的中国服饰画稿重见天日，将其整理、编辑后便是眼前这本书。

这些画的来历及价值，自有出版者做专业介绍，无须我赘言。仔细翻了两天这些画，我翻出一些“题外话”。

我记了两三年日常生活的账：大到网球馆包年的费用，小到一次路边停车费、一瓶矿泉水的费用。因为我想写本书，名字就叫《生活费》，从日常花销这一角度，记录21世纪初生活在北京的一个普通人的生活。

为什么会有这样一个想法呢？近些年来兴起“民国热”，到处见人谈论民国。我读了不少相关文字，读得很不解气，不是人家写得不好，而是不对我不无乖僻的口味。说民国这，说民国那，看多了高屋建瓴，就总想了解点实实在在的细细碎碎。比如说民国时的大学教授们当时是怎样生活的呢？坐什么车出行？冬天生煤炉子么？每天吃饭是买菜下厨还是下馆子……更重要的是，民国的时候，普通老百姓的日常开销是怎样的？要想了解民国，不知道这些，我老觉得心里没底儿，不敢开腔。

我开始找这类书籍，找了好久，只在陈存仁等少数几个人的著作里找到片言只语。整体记录的也有——陶孟和的《北平生活费之分析》，但这是一部社会学的学术著作，冰冷枯燥，可读性差。

距民国时期不过几十年，竟已如此貌似熟悉实则空对空，形同路人。那么，几十年后，说不准也有几个像我这样的人，回望我们这个年代，不满于只找到“改革开放”“互联网+”这类的宏大叙事，他们想知道我们日常生活的细节，可能又找不到了。所以，我来。我活在当下，既不老也不少，既不穷也不阔，方方面面身处一种平民境地，应该足够有代表性吧。

这本书里收录的服饰画稿，就有点儿我上述的这个意思，它们也是一本账，不过记的不是花销，而是服饰：三百六十行，工农兵学商，生旦净末丑，各色人等的服饰。尤为可贵的是，内有若干最容易被历史风尘湮没的小人物——鞋匠、铁匠、酿酒师、渔民、制筒匠、编篮工、碾磨工、捕蛇人等等——的服饰，这让我看了内心频震。

这嗑儿再往深处唠，无非是历史细节云云，倒也无甚新鲜。真的不必再往深唠，实打实，就是面儿上这层意思，就是想知道不同的时代最平铺直叙、最真实、最生动的普通百姓的日常生活。我们打小读书，老在强调"时代背景"，历史中讲的都是政权交替、城头变换大王旗，可这些与我何干，真正的时代背景是平民百姓的日常生活，知道得越细、越生动，时代背景掌握得就越有质感。

说到"质感"，想到作家阿城讲的一番话。当年他以艺术顾问的身份，协助侯孝贤导演拍摄电影《海上花》——租界妓女题材。因为是"年代戏"，所以导演和他都非常重视服装、妆容、道具的质感。他们在上海附近转场景和道具，又到北京买服装绣片，还鼓动朋友帮忙找老物件。阿城后来回忆说："大件道具好办一些，唯痛感小零碎的烟消云散难寻……电影场景是质感，人物就是在不同的有质感的环境中活动来活动去。除了大件，无数的小零碎件铺排出密度，铺排出人物日常性格……我的建议是多买些我们都不清楚是做什么用的小件，它们对构成密度非常有用。"

所谓"质感""密度""日常性格"，也正是我看这本书里这些画稿时，心里所盘桓的几个关键词。

目录

中国衣冠举止图解

中国服饰

中华服饰考略

中国衣冠举止图解

[英]威廉·亚历山大 著

他使西方更好地了解了中国

近年来,在搜集、出版西方有关中国主题的影像过程中发现，从18世纪开始，西方就在十分认真地观察中国。他们画了大量的图像、拍摄了大量的照片，并将其带回了西方，让西方人看见中国是什么样子。对于海外中国史料的挖掘，近十年来出版界同仁已经做出了很多尝试,《老照片》《温故》等成功案例给了后来者足够的信心和启示。不过其侧重点主要为老照片，民国以后的历史是其重中之重，这就给后来者留下了很大的开掘空间——民国以前的早期影像历史。

提到早期影像，威廉·亚历山大自然是不能绕过的人物。据1990年在巴黎出版《威廉·亚历山大为“停滞的帝国”所描绘的形象》一书的佩雷菲特称，他一共收集到2000多幅复制品。这是西方画家第一次如此详尽地观察和描绘中国的风土人情，也是将中国描绘得如此充满神奇浪漫色彩和异国情调的最后一个时期。

威廉·亚历山大出生在英国东南肯特郡的梅德斯通小镇，父亲哈里·亚历山大、母亲伊丽莎白·塞姆韦尔和叔叔托马斯在镇上威克街56号合伙开了一间造马车的作坊。小镇出过英国著名版画家威廉·伍利特和知名美术学校希普勒学校的创始者威廉·希普勒。亚历山大和弟弟詹姆斯从小就开始学画。15岁时亚历山大离开家乡前往伦敦学习绘画。1782到1784年在伦敦希普勒学校学习，同时拜画家叶斯·西泽·伊博森为师。1784年2月27日，即将17岁的亚历山大成为伦敦皇家艺术学院绘画专业的学生，直到1792年随马戛尔尼访问中国的前一年毕业。也正是启蒙老师伊博森的力荐，亚历山大才能够随马戛尔尼使团来到中国，只不过他的身份是制图员，是使团画家托马斯·希基的助手。

1794年回到伦敦后，亚历山大成为美术鉴赏家、评论家托马斯·门罗医生的挚友。在门罗医生的乡间别墅派对中，亚历山大结识了一大批艺术精英，如资深水彩画家托马斯·赫恩、威廉·杰弗里斯等，他们在托马斯·格廷的牵头下成立了速写俱乐部。写生、以画会友成为亚历山大在这一时期的主题。

1802年在约瑟夫·法林顿的推荐下，亚历山大成为英国画家军事学院的教师，这让他窘迫的生活得以改善，并在任教期间完成了《中国服饰》（1804年）一书的出版。由于不满校方无偿增加教学量的做法，1808年亚历山大辞去教职，随后成为大英博物馆古文物部的助理馆员。古文物研究成了他在整理出版中国题材画作之外的工作重心。由于长期在博物馆潮湿的环境下工作，亚历山大变得有些抑郁。1816年7月，刚过完49岁生日的他忽然患上了脑部疾病，于是只好回到家乡接受叔父托马斯的照顾。

看到亚历山大的病情不断加重，亲人在情急之下找到乡村的一位"神医"：用蚂蟥在病人的太阳穴上"放16 盎司[①]的血"，同时剃光病人的头发，敷上蒸发性的油剂，还得服用泻药，并用热水泡脚和腿。在这般折腾之下，亚历山大于一周后与世长辞，埋葬在当地博利克斯利的一个教堂墓地中。墓碑上写着：

1792年他随一个特使团去了中国，通过他的画笔，欧洲比之前任何时候都更好地了解了中国。他性情温和、平易近人、待人宽厚，具有圣洁的人格，静静地等待着福音书所带来的名望与不朽。1767年4月10日他生于梅德斯通，1816年7月23日长眠于此。

亚历山大一生出版的著作目前可查的只有《中国服饰》（1804年）、《中国服饰和习俗图鉴》（1815年）两本。早期版本在收藏市场上价格均在2万元以上。然而无论是国内还是国际的出版商都还未曾合并出版。在机缘巧合之下，我收集到两本图书及一些单张版画，希望可以为国内早期海外史料的出版、研究添砖加瓦。最后对为本书写作提供过帮助的浙江大学沈弘教授、郑州大学吴志远老师、徐州赵军先生表示感谢。

赵省伟

① 1 盎司≈ 28 克。——译者注

一名王姓贵族军官的画像

王姓军官（乔姓高级文官的同事）负责全程陪同英国驻华使节，从使节人员抵达渤海湾开始，直到他们离开广东。这位军官勇敢、慷慨、和蔼，品质优秀，擅长弓箭，刀法娴熟。他在西藏战争中以这样的形象示人：头戴孔雀花翎，这是皇帝赐予的特殊荣耀；还有红珊瑚顶珠，以彰显地位。通常，他穿着宽松的棉布短马褂、绣花丝绸背心，腰间有手帕和置放刀筷的小盒子以及放烟丝的荷包；拇指戴有两个大的玛瑙扳指，用于拉弓射箭——菱形箭镞非常锋利，不用时需要插进箭袋里；靴子是彩色的、厚底的，在中国只有达官贵族才能这样穿。

乔姓大臣节日庆典像

乔姓高级文官受皇帝任命，与王姓军官一起负责英国大使来华期间的接待事宜。他手中持有与使节相关的文书，为人举止严肃，严格自律，公正明断，博学多识，是清廷最优秀的官员之一。独特的服饰展现了他的身份：帽子上有蓝色顶珠，系有孔雀翎；身穿宽松丝缎朝服，上有精美刺绣，颜色鲜艳；前胸与后背的补子对应，其上也有精美刺绣，图样是神话中的禽鸟，以显示其文官的身份（如果图样是兽类，则是武官的标志）；脖子上的朝珠为珊瑚、玛瑙或檀木制成，雕刻精细，尽显富贵。

身着官服的官员

大清帝国的官员，无论文武和级别高低，均被早年的葡萄牙作家称为“清廷官员”(Mandarins)。尽管并不是十分恰当，但这个称呼已被人们广泛接受。图中人物是个文官，因为他胸前补服上所绣的是飞禽，如果绣的是老虎一类的猛兽则表明是武官。无论文武，他们的帽子顶上都会有一个顶珠，依据官职等级其颜色和材质各不相同，最高等级的为红宝石，中间等级依次为红珊瑚、蓝宝石、青金石、水晶、白玉，最低等级的为铜鎏金。而受皇帝宠幸的大臣，官帽后面还会插上单眼、双眼或者三眼孔雀翎。通常官员会穿着厚底的靴子、刺绣衬裙，有些官员的脖子上还会戴一串由珊瑚、玛瑙、绿松石或者蜜蜡、琥珀等做成的朝珠。

穿便服的官员

清朝官服是用厚重的丝绸制成的，比较笨重，不适合在夏季穿，因为即使在中国北部，夏季也十分炎热。因此在非官方场合，官员们多半喜欢穿薄而宽大的上衣，腰间再系一根带子，夏天则戴顶稻草编织的帽子。好在清朝官员们只头顶留发，并将其编成辫子垂在脑后。几乎所有人都喜欢手拿一把扇子，即使参加检阅的士兵也不例外。至于眼镜，从图中可以看出，要比西方人的大很多，材料则是水晶，因为中国人还不会制造玻璃。

乾隆皇帝

图片中的这个人是清朝入关后的第四位皇帝——乾隆。他终其一生都在操劳国家大事，而且经常到郊外进行高强度的狩猎活动。他已经83岁了，但精力充沛得像是60岁。他将此归因于早睡早起的习惯：无论春夏，他都是凌晨两三点开始处理国事，包括接见外国公使，而太阳一落山便开始睡觉。[①]

①根据史实，乾隆皇帝4点左右起床，10点左右办公，晚上8点左右就寝。——译者注

穿便服的官员

图中人物的衣着与士绅或市民的差不多，颜色多样，只在帽子、鞋子等方面有些不同。人物穿在外面的马褂是羊皮的，饰有新月状图形，其材质与马褂的一样，但颜色不同，均匀地绣在马褂上。还有黑貂皮领子，也可能是狐皮的。早晚穿这件外套，时髦却冻人；而在白天，如果天热，又不适合穿着。这件外套里面是一件丝绸背心，最贴身处是白色亚麻布；下身是宽松的裤子。通常，夏季的裤子是丝绸或亚麻的料子；冬天的则是皮革或者生丝的，在北方的一些省份，他们只穿皮革的。通常帽子上有简单新颖的油毛毡，与官员正式的帽子相似（见“一名王姓贵族军官的画像”），但是戴着易皱而无形。下雨时，帽子就会变得更软，无法定型。袜子是用棉布做的，里面塞有棉花。鞋面也同样是用棉布做的，厚底是用纸做的。人物右侧腰间挂的是打火石、刀鞘；左侧有个香囊，装的可能是鼻烟。他手中的箱子里装的是蜜饯，这是一种礼节用品，通常用于招待使节。图中的背景是澳门一角。

官员的住所

官员的房子门前通常有两根旗杆，白天升起旗帜以显示其身份地位，夜晚杆上则悬挂提灯。中国贵族总是喜欢过隐秘的生活，所以他们的宅子都有围墙。房子很少有超过一层的，北京的一些例外——驻华大使在京的住所等大型建筑不止一层楼，大使秘书居住在楼上。中国的房间没有天花板，因此支撑房顶的横梁裸露在外面。一般家具上盖有颜色多样的丝绸，房间的隔断用金字所写的名言警句做装饰。桌子上通常摆放着盛有盆栽、玛瑙或金银鱼的精美瓷器（或容器）。

官员和仆人

在中国，椅子已经非常普及，但人们有时还会选择坐在土炕上待客。图中的官员身穿朝服，从其胸前的图案来看，他是位吏部官员——文官。帽子上的三眼花翎、蓝色顶珠①和脖子上的珍珠（或珊瑚）朝珠彰显其尊贵的地位与荣宠。他正坐在垫子上抽烟，等候客人的到来。仆人手中拿着一个装有烟草的荷包，腰带上系有手帕，还有他自己的烟袋和烟管。房间墙上挂着中国画，寓意道德戒律。

①原文为"红色顶珠"，与图中不符，应为作者笔误。——译者注

官员的侍者

图中所绘的身穿裘皮马褂(中国北方的御寒必需品)的男子是清朝官员的侍者,主要负责携带主人的衣帽、文件、办公用品、坐垫、枕头,看管主人的烟杆和槟榔盒等。每个清朝官员都有一个或者几个这样的男子随时伺候,包括在睡觉时摇扇子,甚至会在公共场合做出一些不合时宜的亲昵动作。

官员的随从

这是清朝高官的一名随从。清朝高官出巡时，前面一般有六名随从开道。在衙门审案时，随从的作用就是将闲杂人等挡在安全线以外。他们圆锥形高帽子上的花翎有3—6英尺①长，虽然稀疏，但却是一种稀有野鸡的尾羽，当然也有人会在帽子上插上大雉的尾羽。

① 1 英尺≈ 30.48 厘米。——译者注

骑马的官仆

图中是一匹纯种蒙古马，看起来跟哥萨克纯种马很像，汉人的马也属于这个品种。人们并不关心通过加强营养、卫生、锻炼来保持马匹的体型、气力以改良马种，也很难找到马梳或者替代品，因为平时用马的机会并不多。一般只要有可供航运的河流，旅行和运输靠的就是船。清朝官员的马车一般只需用一匹马，因为他们的马车只比没有弹簧的小篷车稍微大一点儿。

王姓贵族军官的游船

在中国，人们经常乘船旅游，因此多租用游船或帆船，此外，船只还被用于商业运输。船的中央——有窗户和篷子的地方，由雇主占据；船头住着奴仆，船尾是做饭和船夫休息的地方。这样的船有一张大的编织帆，通过拉伸编织帆的竹节使船只保持水平前行。当帆布展开成扇形时，可以立即放开绳索。当风向或水流不利时，要靠人力航行。桨手坐在船尾或船只中间用力，前后摇桨，船桨不能离开水，船只便迅速前行。三层罗伞显示着船上官员的地位，船尾的灯笼和旗帜也是不同身份的象征。

NO.13

下锚停泊在宁波河道上的3艘船

中间的船只在图中只显现其船尾，可以看出是一艘没有货仓的商船。这种船尾结构很特别，中空凹进去，以便保护船舵，利于用绳子排水，以保证安全。按惯例，船舵上刻有船的名字。船尾被椎体一分为二，与船舱走廊的用途大致相同。图中只有右边的大船显示出了船首，船尾的上方形似两只翅膀或大角。小船（中国也叫舢板）是大型船只必须附带的。大使馆雇用了小船运载行李，大船载人，从宁波出发，到舟山上岸，然后从广东转道到印度。

驶过斜坡的小船

从杭州府到舟山（大使必经之路），属于多山地区，杭州运河的流通由相连接的水闸控制。1793年11月16日，船只正经过其中一个水闸，两段河道之间水面落差6英尺。在河道上游，船只的上梁边缘距水面有1英尺。水阀包括斜坡上两个突出的钻头及坡度为40°的斜坡。船由起锚机拉着，一般两个起锚机足够使用了，当负重较大时，则会使用4—6个，它们被放置在地面上的洞里。当船只准备经过时，将起锚机上的绳索（尾端结成环状）带到船尾，一只环套住另外一只，然后用一方木块插入套索，阻止它们分开，同时凸出的船舷把绳索固定在合适的位置。调整过后，船工举起船锚，直到船处在平衡状态，在自身重心牵引下，以较快的速度进入河道下游。通过置于船头的编织网的有效控制，可以防止水进入船只。图片左侧是破败的用于迎接来客的牌楼及小庙、佛像，这里经常有经过的船客供上祭品。

航行中的船只

这种类型的船由商人雇用，用于将不同地方的产品运到这个国家各个港口，船上装载多种商品，被分成几类。船上防潮装备良好，即使遇到船只裂缝，大货仓也可以免受损失，甚至能够避免沉船的危险。主桅帆和前桅帆是由剖开的竹子和芦苇编织而成的，通过竹筏使之延伸开来。后桅纵帆和上桅帆是南京布做成的，与西方不同的是，后者在航行中从不被拉起来。用绳索，也就是吊索，系住帆桅一头，可以加固或分离船只，这样船在航行时会比较顺利。与其他中国船只相同，这艘帆船的船头没有手柄，也没有龙骨，因此可能会导致偏航。两只锚由笨重的木头——中国人称之为铁力木做成，其尖端是用铁做的，它们的一些部位被紧紧地拴在一起。有时候人们会携带四爪锚。草编拱形顶处是船舱，多用于船员休息。为了有助于航行，船舱上方的圆木要随船携带。船上还有几面具有中国传统特色的旗帜，这是中国船只爱用的装饰物。

官员的旅船

清朝的官员因公巡视各地时乘坐驳船，在西方官员们则是乘坐四轮马车。图中官员由士兵护卫，仆人伺候其饮食。一般船上的嵌板会被刷漆并绘上多种图案。晚上或者雨天的时候，官员居住的船舱会用遮板整体封闭起来。驳船格子架上放了贝壳，灯也放在上面。驳船船缘足够宽（像其他很多中国船只一样），以便水手们前后走动。双层罗伞放置在显著的位置，以示尊贵，彰显着官员的权力。船尾的旗帜和木板具有中国特色，显示着官员的地位。这些象征权力的事物与其他船只有明显的区别，因此，即使河道上船只很多，这类船也很少遇到阻碍。如果船主失于管理或发生事故造成官员不能正常履职，船主很可能要受到一定的惩罚——被官员下令杖笞。

渔船

图中展示了渔民张网捕鱼的工具：这项工作经常需要用到竹子。渔夫站在杠杆末端，当他的重量不能撑起渔网时，同伴要从旁协助。其他同伴在做饭、驾船。船顶放置有毛毡，是为了防止日晒。船上要备有小锚、提灯，以供晚上使用。这是鄱阳湖水域。图片左侧紧挨着堤岸的是一些土堆，每隔几里便有一些，是为修缮运河缺口而做的准备。中国人经常使用的另外一种渔船养有鸬鹚，被称之为鸬鹚船。

战舰

中国是一个高度自给自足的国家，资源丰富,几乎不需要进口；由于海运不发达，也很少出口。数百年前，中国人已经能够熟练使用指南针，但他们并不是专业的航海家。他们不会将天文学深入应用于航海，也不会操纵复杂的船。水手们视指南针为神物，经常摆上肉、水果等祭品加以供奉。图中抛锚船只停泊在宁波附近水域。这些船只通常停靠在要塞，船上有很多士兵，经常驻扎在重镇周围，士兵大多会把长矛挂船上。船桨用绳子绑在近水的地方，便于在起锚时使用。这些港口的军事设施没有攻击力，因为当时清朝海军船只都没有配置火炮。

商船

这些商船最远可至菲律宾马尼拉、日本、巴达维亚[①]等地，大多可负重800—1000吨。即使水手了解怎么使用指南针，他们也尽量选择适宜的季节出行，基本上一直靠近海岸航行。数百年前，中国海上船只的样式很少，因为中国人不愿意创新，仅仅依赖过去的经验。在广东，每年都有各种各样的欧洲船只经过，他们可能了解其中的高超技术，却不愿意对船只做出改进。

图中的船以一定角度倾斜，其他船只则有一个凹处，以帮助船员防范海水的侵袭，但在公海迎风航行时，这种设置太过麻烦。每只船的船头都有一只“眼”，转弯时可以通过这只眼观察外面。这个创意可能是受到鱼的启发，又或是封建迷信，认为鱼可以预知未来、避开风险。一般来说，港口是通往外界的窗口，很少配置武器。

① 1795—1806 年期间，法兰西第一共和国在荷兰建立的傀儡国。——译者注

穿过水闸的帆船

中国大运河南至杭州，北到北京，从北纬23.15°到北纬30.50°①。主河道有很多分支，途经很多城市、小镇、村庄，如同贯穿欧洲村庄的公路。因此，整个国家水路非常畅通。一些小的运河在泄洪方面起了很大的作用，同时，也可以把多余的水送到洼地，因为稻子在其成熟之前需要大量的水分。

水闸样式多样，图中显示的是一种比较常见的设计：上面有桥，可供行人步行通过；右侧的棚子供那些负责升降桥的人休息；下面的石头上刻写着出资建桥人员的名字。建造水闸的目的是要保持足够的水量以供帆船通过；码头对面有沟槽，上有结实厚重的板子，这与闸门相像，水量够用时，厚木板降下，帆船得以迅速通过。当然通过水闸时，船只要支付一些通行费。此时挂着黄色皇家旗帜的帆船载着部分使馆人员等待通过，而其他英国人乘坐的帆船已通过了水闸。

①北京经纬度是北纬39°26′至41°03′，东经115°25′至117°30′。杭州是北纬29°11′至30°33′，东经118°21′至120°30′。——译者注

出海的帆船

1793年8月5日，大使及其随从离开“狮子号”军舰和“印度斯坦号”大货船，登上双帆船——“克拉伦斯号”“杰克考尔号”“勇气号”，然后向白河或渤海湾前进。其他跟随大使上船的人也是同样的目的地。帆船构造笨重，装载着给皇帝的贡品、行李，可负重约200吨。不过，船底是平的，可以在浅水区行驶，也可以从河流入口的浅滩处通过。

这些帆船的设计完全一样，主体分为几个间隔区，可防水。巨大的桅杆是木制的。主桅帆和前桅帆由剖开的竹子和芦苇编织而成，后桅帆是棉布做成的。船舵（在起锚时要举离水面）制造简单，使用不便。掌舵的指南针放在旁边，四周有香气四溢的香烛。四角的锚是铁制的，其余是木制的。船舱里有竹篙，船上装饰华丽，有具有中国传统特色的旗帜、风向标等。

石舫

图中是一个客栈的庭院，大使在北京时就居住在这个客栈里，其中的建筑像一艘带有屋顶的驳船。船体用粗削的石头做成，位于水洼或浅塘里，可能需要一直从邻近的水井里提水注入其中。像驳船一样的古怪建筑是大使一行用餐的地方。

假山由人工堆积在一起，花盆、小树点缀其间，这充分展示了中国的人造园林艺术。塘堤上是四合院，高处是宝塔和迎接来客的牌楼。在院内还可以看到北京城内其他公共建筑。这个庭院由一位广东的已故收藏家设计，他因此被提拔并派到天津收取盐税，但是由于任上欺诈、腐败等行为被揭发，最终被皇帝抄收了全部财产。

渔民一家在船上的快乐生活

图中妇人正在抽烟，孩子们围在她的身旁。其中一个小孩子肩膀上系着葫芦，它可以用来储水。全家人都住覆有毛毡的半圆形船舱里，雨天时可以挡雨。桅杆穿过船篷立在船上，最高处挂着一面旗帜，上面写有汉字。船舷上有3只鸬鹚，这是中国的鱼鹰，体型同鹅一样大，嘴巴和双腿非常有力，脚上有蹼。训练有素的鸬鹚在主人发出信号后，便一头扎进水里，很快就会带着猎物回到船上。当鸬鹚遇到自己处理不了的大鱼时，船主就会去帮助它。据说，这种鸟非常聪慧，经常相互帮助。鸬鹚不可以吞掉捕猎的食物，因为主人在它的脖子上套了一枚圆环，阻止它吞下猎物。当它捕到足够多的猎物满足主人的需要时，圆环就可以取下，它就可以为自己捕鱼吃了。离渔船不远处有个水闸，可供帆船通过。远处河道弯弯曲曲。在渔场里经常可以见到湖边停着很多救生艇和小船。

陈列兵器的架子

在中国，靠近城墙的哨所、兵营和武器库里，一般可以看到这样的兵器陈列架，上面放着清军骑兵、步兵、炮兵和弓箭手所用的各种攻防武器。

清军步兵中的虎威之师

中国人的服装通常比较宽松，这支部队的士兵则是例外，他们是当地唯一这样穿着的：紧身衣服，显现出了四肢的线条轮廓。清军的传统服装烦琐不便，虎威之师的服装则更利于军事行动。传教士曾这样描述虎威之师：着装上有着与动物相似的斑纹，帽子上有耳朵。士兵们佩戴着粗糙的半月弯刀、柳条编的盾牌，装备良好，以抵御刀剑攻击。盾牌正面画有怪物的脸，这些怪物像蛇形女妖，且拥有令人惊叹的超能力。远处有哨所，飘扬着大清帝国的黄色旗帜。

全副武装的士兵

清军入关后，除去局部地区的动乱，中国度过了一段较为平静的时期，因此，清军长时间缺乏训练。同欧洲士兵相比，清军缺乏勇气，毫无军纪，经常可以看到很多士兵耀武扬威。士兵晋升的条件，不仅要求有军事知识，还要有强健敏捷的身体，对射箭、打枪、刀法等都有较高要求。下层百姓甚至很羡慕这些士兵，因为他们可以定期得到薪酬，也很少服役，只是偶尔去平息叛乱，或到哨所当差。士兵大部分时间无所事事，只有在上级视察、突然召集检阅或有其他紧急行动时，才会把武器装备擦得鲜亮，摆放得整洁有序。士兵的服装臃肿，不利于行动，在军事训练时十分不便。远远看去，他们的服装十分精美甚至英气逼人。然而，上面布满金属薄片，装饰较多，给人一种看起来很好的假象。近看便会发现，他们的甲胄还比不上棉布做的被子。图中士兵头盔上有冠（唯一有铁的部分），冠上有盔尖，盔尖上有染色马鬃毛流苏。士兵服装的胸前写有所属兵团，手握一柄长刀。

穿着常服的士兵

清军并不像人们认为的那样令人敬畏，他们很软弱，也不像西方士兵那么有勇气。其中一个原因是，清军的军事教育不能激起一个民族的勇敢精神。自从清军入关后，他们考虑的是怎样保持长久的享乐与和平。每个士兵，无论结婚还是生男孩都可以从皇帝那儿获得一定赏赐。同样，在他死后，他的家人也会得到抚恤。汉族或满族士兵穿着黑色短上衣，边缘是红色。里面是同样布料的衣服，有长袖子。天冷时，他们会再多穿一两件衣服。他们的后背上紧紧插着一面丝制旗帜。如果有50人一起这样穿戴，就会显得十分有男儿气概。

士兵的弓是弹木做的，外面裹着一层角皮。只有臂力达到70—100斤的人才可以拉开这张弓。绳子由密密的细丝制成，箭头是钢制的，制作精良。他们的弯刀尽管制作粗糙，却也可以同西班牙最好的刀相媲美。清军建有骑兵和步兵，兵力共180万①。

①鸦片战争前，清军人数在80万—100万之间。——译者注

一群士兵

在中国偏远地区的大道和内河航道的两旁,每隔一段距离就会设立一个哨所，一般会驻扎6—12名士兵，有时会更多。这些士兵主要负责传递信件及协助地方官平定骚乱，他们也是清军的主体。每个哨所的附近都会有一个高高的木制瞭望塔，主要用于远望观察和同附近哨所联络。这些士兵平时也要种田和参加其他劳动，只是在外国使节和官员经过时，才穿上礼服恭候。一般要燃放三响烟花，以示敬意。

手持火绳枪的士兵

无论是在服装、建制还是日常功能上，大清国的军队都与其他民族截然不同，其军队主要由两支差异比较大的队伍构成。一支完全由满族人组成，主要驻守帝国东北和北部边界地区和重要城镇。另外一支由汉族人组成，主要驻守在一些小而偏远的城镇或地区，负责当地的治安、税收管理、粮仓守卫以及充当地方官的随从。

在道路、运河及河流边，每隔一段距离都会设置一个哨所，驻扎6—12名士兵。他们负责处理道路上的争端，兼或传递一些官方文件。每当清朝官员或者外国公使经过时，他们都会身着盛装，穿上由棉絮填充的胸铠和护肩，戴着硬纸板做成的头盔，但这并不妨碍他们表面上的威武。其背后还会插上一面三角旗，如图中所示。

清军的火绳枪跟葡萄牙人的类似，所以很多人误认为是葡萄牙人将其传入了中国。其实早在欧洲人到来的几个世纪前，火药已在中国广泛使用。有些大的火绳枪会有一个支架，插在地上以固定枪支和提升高度。

手持火绳枪的舟山士兵

中国人很早就知道如何使用火器和火药，但是自从清军入关后，火药就主要用于日常礼仪致敬和烟花爆竹了。中国人对后者的制作和使用非常娴熟。清军纪律松弛，优势仅仅体现在数量上，这完全不能弥补军事战术和勇气的缺失。士兵的服装笨重，一些南方的服装甚至带有刺绣的里衬，穿上后令人呼吸困难。士兵右挎方形包，左手拿着横放的大刀。火绳枪粗制滥造，枪口处竟然有分叉。令人震惊的是，尽管已有手艺精湛的匠人做出了与西方相媲美的毛瑟枪，但清朝政府仍在使用这种笨重的武器。图中的背景是一个哨所，一些士兵正在站岗。塔楼上的士兵正在敲锣召集哨兵，告知岸上有人到来，要以军礼向来人致敬。

步兵

无论是着装上的条纹，还是盾牌上狰狞的兽首，都是为了显示士兵的威武。其实连清朝人也承认，藤木盾牌上的可怕兽面不过是想吓跑敌人，它们并没有像表面显示的那么凶猛。这个步兵营操练时的姿态也很奇怪，像江湖艺人翻跟斗一样叠成一团蹦来蹦去。难怪说清军的军事策略十分荒唐可笑。据说法国传教士钱德明正在编一部有关清朝军事策略的巨著。

弓箭队的掌旗官

弓箭是中国最原始的武器，也称得上是最野蛮的攻击性武器，直到现在，清军士兵依然喜爱弓箭多于火绳枪。满族人如此钟情于它，以至于射箭成了皇子的必修课程。中国的弓很大，拉满弓对力量和技巧的要求比较高。因此皇帝常在右手拇指上戴枚扳指，用以拉弓拨弦,尤其是在每年夏天狩猎时。每当阅兵时，不单上级军官，就连每一排的第五、七、九位士兵的背后也会插上小旗帜。从旗帜上的方块字可以看出掌旗者的官衔及其所属的部队。

骑兵

八旗骑兵给人的感觉十分平庸和不正规，根本就不像英勇善战的士兵。英国使团看到的骑兵，除了送信和协助皇帝狩猎之外，就没有其他的用处了。图中的骑兵身上只佩戴着普通的武器，包括弓和短刀等。

旗手

1793年9月30日上午，大使及随从人员继续北上，按照惯例到北京觐见皇帝，而皇帝正在从热河避暑归京的途中。在这种情况下，目光所及的道路两旁挤满了官员、士兵、旗手、丝绸编织的大伞和其他象征皇室的东西。图中大清帝国士兵手持镀金旗牌，旗牌上通常写有皇帝年号等。士兵身着棉布衣，腰束黄色腰带，腿部用长布带缠绕。头戴草编的帽子，系在下巴上，冠上配有红穗子，中间有羽毛。与其他中国人的习惯一样，他的刀柄放在后面。

Willm Alexander fect

哨所

在中国，哨所沿着运河或道路建立，那里通常有6—12个士兵驻守。毗邻的哨所之间有可以瞭望的塔楼，视野更开阔。塔楼附近有锥形石墩，用于放置易燃物品，以及时警示外敌入侵或者暴乱。屋子前面是座刻有铭文的简易牌楼入口，附近飘扬着高高的军旗。屋子左边木构的栅栏内，存放着不同的武器，如矛、火枪、弓箭等。河道中正在经过的船只上有双层罗伞，彰显着官员的身份地位。士兵点燃了3只炮仗，以示尊敬，并列队欢迎官员的到来。通常情况下，在中国的欢迎仪式上，炮仗从不超过3个，直立点燃，以防发生变故。

杭州府附近的墓地

中国的墓地和纪念碑的建筑风格多样，当然穷人的墓地只是一个小土堆，顶上种植一些小树。这些简单的墓地经常由家人祭拜，仔细打理，以保持整洁有序。棺材木料是厚厚的木板，向内倾斜，外面涂上清漆，这样可以用得更持久，也可防止腐臭散发。这道工序必不可少，因为有些穷人甚至直接把棺材放在地上，并不掩埋。富人一般使用较好的木料做棺材。为了找到好的木料，他们通常在生前几年就准备这些东西，这样等他们（父母）逝去，其儿女就能及时用上好的棺材阻挡腐烂味道的散发。逝者遗体被埋在先祖的坟墓旁，哀痛的亲人们穿着粗糙的麻衣，依旧停留在坟墓旁，继续沉痛哀悼很长时间，寡妇或孩子则不需这样。图中一个墓前有台阶，拱形门入口处是大理石墓碑，上面刻有逝者的墓志铭；另一处被松柏环绕的应该是富家陵地。

扫墓

扫墓与中国的孝道紧密相连。每年的清明节前、十一节[1]后及固定的日子里，有孝心的后辈们就会来到祖先或父母的坟前，献上他们认为逝者会接受的东西，如鲜花、水果、纸钱等。他们所穿的丧服是粗糙的麻衣。他们为已故亲人设立的墓碑风格不同，制作时也没有固定的设计或比例，却独具匠心。图中的祭祀者跪拜在坟墓前，表达着自己对故人的思念和哀悼，这种半圆形或者马蹄形坟墓，是最普通的造型。

① 即寒衣节，指每年的十月初一。这一天人们会祭祀祖先，谓之送寒衣。

送葬队伍

送葬队伍庄严壮观，走在最前面的是僧人，手拿着香、锡纸和爆竹，遇到庙宇或建筑要点燃这几样东西。4个乐师紧随其后，敲着锣，吹着长笛和唢呐。再后面2人举着丝绸做的杂色旗子，旗子上面挂着2个灯笼。其后是2位哀悼者，穿着宽松的长袍，头戴粗陋麻布帽子。紧接着是与死者关系最近的亲人，他悲痛欲绝，穿着同样简陋的衣服，旁边有2人扶着他，防止他扯掉乱发，也防止他因过度悲伤而伤害自己。随后是死者，躺在棺材里面，棺材没有盖盖子，棺木非常厚实，上了清漆。棺木上面有个托盘，里面摆着食物以作供品。棺木的上方是华盖。最后是一架开放式马车，里面坐着女眷，她们神情悲痛，身着白衣，束着发髻，前额绑着束带。欧洲人认为，白色是喜悦的象征，所以婚礼上用白色，而中国与之相反，他们认为白色意味着悲伤和极度的痛苦。图中的场景是在澳门，我们可以看到近景中有一块刻着文字的大石头；远景是内港，还有寺庙的幡旗。

苏州城附近的宝塔

宝塔通常是砖制的，偶尔也有陶制的；一般有9层，当然也有7层和5层的；高度通常为100—150英尺，随意坐落在山上、平原间或城市中。大部分宝塔是八角形的，也有一些是六边形或圆形的，还有些则没有边角，是长檐形的。图中宝塔每层都有走廊和窗户，每一层都有突出的塔檐，覆以黄色的砖瓦，在阳光的照射下，像金子一样闪闪发光。大部分塔檐上挂有风铃，随风而动，发出并不悦耳的声音。从宝塔底部到顶端，塔层的面积逐渐缩小，内有楼梯，可由之步入更高层。这座宝塔应该是刚建不久，因为年代久远的会有残缺，塔顶会生出厚厚的灰色苔藓。

宝塔:宗教信仰

中国人对道德和宗教的态度非常虔诚，在这里可以见到各种各样的寺庙。每个重要的时节，人们都会去寺庙烧香，并献上贡品。每个家庭里甚至小船上，都会供奉着小的神龛。中国的宗教人物与罗马教堂里的人物十分相似。中国人崇拜的送子观音，与西方神话里的圣母和圣子所代表的意义相近：均是一位母亲和一个婴儿，头上都有圣洁的光环。佛像前长年供奉着香烛。中国宗教信仰中相当重要的一部分是对佛的崇拜。其追随者相信人生有轮回，通过现世的积德行善可以换来来生的幸福生活；反之，人的灵魂要受苦受难，过着牲畜一般的生活。图中背景是1793年11月21日定海城的一角，寺庙里有身着宽松长袍的僧人。

小庙宇

中国人信奉不同的宗教，他们总是把事情的好坏与一些现象联系起来。为了避免厄运，他们会改变所信宗教，供上新的供品，认为这样可以避开灾祸。如果是好的结果，他们则会烧香还愿。祭祀场所通常建在路边或运河旁边，以便游客祭拜，所以经常可以看到游客虔诚地跪在神像前。一些庙宇是由老百姓集资修建的,并供奉以前的皇帝、官员或其他人，以感谢他们为国家做的贡献。也有一些庙宇由慈善人家修建，以向大家宣传宗教信仰。

在一些特殊的日子，比如新年庆典、新月时节、皇帝劝农日、元宵节等，很多人都会尽其所能地准备鎏金像、水果、米、酒等，同时烧香、放炮，叩拜神灵。有时，住持会将祭品分给僧众；但是，更多时候住持会把供品带回去，自己享受这些丰富的食物。庙宇后面是官员的住所，门前有两根旗杆。山上有哨所和宝塔，这两种建筑通常建在高处。

喇嘛或僧侣画像

清军入关后，中国人的信仰逐渐统一——喇嘛教成了“国教”，同时也表现在礼仪、服装等方面。通常，喇嘛们衣着宽松的长袍或者外衣，长袍的颜色取决于寺院所在地，宽领是丝织或鹅绒的。有些僧侣佩戴着用木头精细打造的佛珠。

图中的喇嘛来自热河地区的小布达拉宫。喇嘛身着代表皇室的黄色僧衣，头上戴的帽子有宽边，是用稻草和竹子精心编织而成的，足以抵御风吹日晒。远远看去，小布达拉宫可容纳800位献身神佛的喇嘛，神佛与国家政治紧密相连，通常也是整个民族的信仰。在中国建筑史上，很少有建筑能与这种方形寺庙相媲美：寺庙的每一面，几乎都有十一排窗户。寺庙的中央是一个小礼堂，屋顶装饰有奢华的金色瓷砖。礼堂内部有一个密室，供有神佛。

寺庙祭拜

中国人没有固定的安息日或者礼拜日集中拜佛。中国的寺庙常年开放，祈福者可以在遇到任何重要事情——如订婚、远行、建房等——时前去祈祷。图中右侧人物摇着竹筒，焦虑地等待着竹签掉出来。竹签都有各自特定的签语，是僧人根据“命运之书”刻写的。仪式结束后，住持向信徒传递祈祷的力量，并称万事自有其诸多因果。僧人总是机械地摇头，他穿着宽松的丝织或棉布衣物，衣物的颜色显示了其所在的教派。香炉散发着香味，一人正在跪拜，并将要供上贡品。这种情况下，通常要在三脚炉中点燃金箔银纸以示敬意，同时，解签不需要付费。在这几个人后面、靠寺庙墙壁的地方放有两个丑陋的塑像，其四周围着栏杆。

礼佛的年轻和尚

图中的和尚正跪拜在神像面前烧香，焚烧着黄表纸。有时在祭坛上烧的不是香，而是箔片，这些箔片都是用英国进口的锡制作而成的。四脚的矮桌上有一个坛子，坛子里盛着占卜用的签条，矮桌上还摆着其他祭拜用品。矮桌的后面放着一个供人们烧香的香炉。和尚们每天要进行好几次这样的膜拜仪式，人们要付钱给和尚们，让和尚们来替他们祈祷。在中国，还没有集体拜神的仪式。

和尚

中国的佛教是公元1世纪从印度传入的，寺庙里到处都是和尚，他们遵行了相应的禁欲和苦行戒律，由此可看出他们对神佛的恭敬。在中国，他们一般被视为品德高尚的人而备受尊重。这些和尚的礼仪、祭坛、单一信仰和服饰跟天主教传教士的十分相似。有人说我们的伞是从中国借鉴而来的，其实不是。在中国，雨伞是纸制的，伞柄和伞骨都是用竹子制作而成的。实际上普通人的草帽也是一种雨伞，它们大多由稻草编织而成，帽檐很宽，可以为肩膀遮雨，也可用来遮阳。图中的和尚腋下夹着一顶小草帽，比农民的要大得多。中国的和尚一般不戴帽子，他们的头发都剃光了。

大运河旁用餐的纤夫

当风向或水流不利于航行时，船夫便不能使用风帆和船桨了，而需要更多纤夫来拉船。使用多少纤夫，取决于船的大小和水流强度，一般20个纤夫一起拉，才能让船行驶。拉纤时有监工监视，监工只要看到有人偷懒，就会用鞭子抽打他。可怜的纤夫主要吃米饭，如果有用油炒过的菜，或者有动物内脏之类的，即使油都有臭味了，他们也会觉得很奢侈。图片显示，纤夫用泥炉子做饭，站着的纤夫正在吃米饭，他把碗放在嘴边，用筷子把食物夹进嘴里。他们偶尔会穿草鞋，更多的时候是光着脚。辫子妨碍纤夫干活，为了避免扭伤，他们通常把辫子从头到梢盘在头上。纤夫把甲板上的绳索绑在胸前，以拉动船只前行。

一座城镇附近的船只

在这座小镇里，我们看到最多的交通工具是船，大大小小、造型各异的船只来回穿梭。图中最大的船是英国大使及随从沿白河进入北京郊区乘坐的。这艘船给人的感觉是舒适宽敞。船经过桥梁时，需先将桅杆放倒才能通过。更有意思的是，桥梁的建造也跟那些船只一样变化多样。

定海的南门

舟山港口位于北纬20°—30°之间、广东和北京之间，在中国东海岸的中间位置，允许英国人进入。城墙近30英尺高，除了宝塔、公共建筑外，一般住房只有一层楼高，视线都被挡住了。中国城墙的砖、瓦由不同材质构成，用不同的方式烘干、上色，颜色呈蓝色或青灰色、石灰色。城墙上的垛口处设有弓箭手，炮眼里没有大炮。在入城的城门上，有守卫居住的帐篷，大量士兵全副武装。傍晚之前，城门关闭，在此之后，任何人不得进入。

城楼屋檐顶处的斜角向上弯曲，这种设计在中国建筑中很常见，可能是由帐篷演化过来的——帆布由4条绳子拉起也是这种样式。门上方的屋脊上装饰有动物，如龙等。建筑的边缘、横梁的尽头渲染了多种颜色。拱门上的黄色牌匾是中国独有的，通常写着城市的名字和城市的级别。正在进城的四轮马车上有厢式的轿子，人可以坐在里面。中国的马车还没有使用弹簧，不如欧洲的二轮马车效果好。图片中最近处的人物则在用比较传统的方法——用肩挑轻的东西，如蔬菜、水果等。

天津附近的烽火台

图中的城堡坐落在3条河流—— 白河、永定河、卫河的交汇处，紧邻天津城。天津城是船舶停靠的主要港口，是中国最重要的商品储存地。因此，很多种商品从这里流通，通过运河运往偏远省份。

该城堡高35英尺，地基由石头构筑，城墙由青砖垒成。由于周围地势低洼，城堡外围被洪水侵蚀，十分潮湿。士兵守卫在此，一旦有骚动或暴乱，士兵便向附近军事据点发出警报，白天是举起信号旗，晚上则是靠烟火。临近的要塞要整修损毁的地方，这是他们的职责所在。

城垛上建有值班士兵居住的地方。其中一个士兵正在敲锣，告知临近要塞的负责人长官将要到来。接到消息后，他们迅速集结，放下武器列队欢迎。城垛两侧分别立有一根杆子，一侧挂有一只灯笼，另一侧则有飞扬的旗帜。城墙一侧的颜色，显示出这是一座皇家建筑。在纽霍夫的回忆录中，荷兰大使于1656年到达北京，他画的也是这个城堡，与之相似的是，在同样的位置—— 一丛树后面有些小土丘，远远看去像极了坟墓。

扬州一景

扬州城是大使团途径的（于1793年11月4日经过此地）第二站，它以桥多著称。图中主建筑是神圣的寺庙，它附近有两个标志性建筑：右侧是宝塔，左侧是烽火台。欧洲人并不认同中国的防御工事，然而不管怎样，它确实起到了防御攻击的作用，且很可能是用于城市内部的战斗，而不是抵御外来敌人。

这种防御工事在有些地方建于河流和运河上，变成了加固的桥梁。值得一提的是堡垒和城墙上的士兵，他们正在炮楼上展示长矛，迎接大使。他们沿着城墙排成长队，这种特别的欢迎仪式显得格外有趣。河面上可以看到旅船，图中最近的一只是大使乘坐的，有官员陪伴在侧。

苏州郊区的一座桥

中国的桥梁造型各异，其中有许多拱桥：有的有着轻巧雅致的桥拱，有的有着锥形的桥墩，还有水平铺设的平整的木板或石板。这种造型酷似马蹄轮廓的桥拱，在从汉口到舟山的途中频繁出现。像中国大多数的桥梁一样，这座桥也是由一级级台阶组成的，坡面与地平面形成了一个约20°的角。在以前，商品的陆路运输是无法想象的，如今这些河流和沟渠上的桥梁构成了架高的道路。这座桥梁用一种粗糙的石块筑构而成，那些凸出的石块和垂直于桥面的立柱是为了加固整合桥梁。5个位于桥拱之上的具有中国特色的圆形章石，极可能刻有建筑师的名字及该桥的落成日期。拱桥中间的临时装饰是为了欢迎使团：或者是一些垂直的柱子，或者是流畅飘逸的书法或绘画，或者是高高挂起的灯笼。临近哨所的6个士兵整齐有序地站在桥上行礼致敬。

牌楼

这些矗立的牌楼是为了向子孙后代传递品德高尚之人的功绩。获得这类荣誉表彰的人通常是忠于职守、公正廉洁的官员，建功立业的英雄，以及其他品质优秀、博学多才之人。同时，这种纪念方式也激励着后人向他们学习。

牌楼一般由民众出资，材料是石头，如比较好的大理石，或者是上好的木料。牌楼多由4条30英尺长的石柱撑起，横梁或木条水平地架在中间。上面刻有金字，牌楼顶部的装饰丰富多样。

此图绘于1794年11月17日。该牌楼所在地紧邻宁波，那里还有很多这样的建筑，设计得非常好，但是都只有2根柱子。根据一位中国翻译人员所述，上面刻写的铭文大意如下：乾隆五十九年，新年第一天，皇帝下令为孙嘉淦建造牌楼。孙嘉淦是当时中国最博学的人之一，也是兵部官员。

天津为接待使团临时搭造的建筑

1793年10月13日，使团一行到达天津，要经由天津去往广东。城内最高长官下令在门口两边的扶梯上挂上毛毡，款待大使一行，以示对大使的尊敬。地上铺满了颜色鲜艳的毯子，地方长官坐在椅子上，下属侍立两旁，迎接贵宾的到来。待客宴席丰盛：各种肉类、甜品、新鲜水果、蜜饯、酒等，经由许多小船运来。图中大使所乘船只的黄色旗帜非常显眼。

枷刑

"Cangue"（锁）一词在欧洲广为人知，在中国则指的是"枷"。在沉重的木板中间挖洞用来套住脖子，或者2条挖有半圆弧的木板拼在一起（与枷锁相似）。此外，木板上还有2个洞，用于禁锢犯人的手。有时看守会对待犯人好一些，只锁住他一只手，靠着这点优待，犯人可以减轻肩膀的负担。枷锁从头上套下，用木条固定住，然后木条交接处贴有封条或者官方的铭牌，上面大致书写了惩罚犯人的原因。

这种可耻的工具重达60—200磅①。犯人佩戴枷锁的时间，取决于罪责的严重程度。非故意犯罪，刑期为1个月、2个月，甚至3个月。犯人佩戴枷锁期间，晚上要在监狱里度过，白天由衙役带到城门口，或者其他热闹的地方。衙役让他们靠在墙边暴晒，一整天遭受大众的嘲笑，且吃不到一点儿食物。直到得到官方命令可以去除枷锁，惩罚才能结束。一系列的惩罚会接踵而来。最终犯人要用最谦卑的姿势——以头触地来感谢官员的教诲。

① 1磅≈0.45千克。——译者注

杖笞

在中国，杖笞是一种很常见的惩罚方式，用于惩戒轻罪，每个人都可能会受到这样的刑罚。杖笞数目的多少由官员决定，这被认为是比较温和的惩罚。犯人受罚时，会趴在地上，前额触地，尽管很失体面，但他们还是要感谢官员的教诲。最高等级的官员只有皇帝下令，才可能接受惩罚。笞打臀部的工具一般是几英尺长的竹板，根据犯罪程度进行惩罚。犯事较轻时，犯人可以巧妙贿赂执行者以减轻惩罚，这时执行者会使用假力，使竹板轻轻落下，欺骗官员。据说，有些人为了赏钱，故意代替犯人受罚。如果笞打犯人80—100板子，这些人的生活就要受到影响了。官员在归家路上时，侍卫会在一旁保护。粗心的人因为疏忽礼节忘了下马或者在大人物经过时忘了跪下，都要受到12板子的惩罚。

审问犯人的官员

本图展示的是一位犯卖淫罪的女性，她一般要接受公开审理，同时要挨上不少鞭笞或杖笞。如果犯人声名狼藉，还要被判处其他刑罚，如枷刑。有时，肉体惩罚可以用缴纳罚金来代替。从胸前的圆形补子可以看出审判的官员是皇室宗亲，因为其他官员的补子是方形的。书记官正在做记录，他的腰带上挂着小盒子，里面是刀筷，还有一个小钱袋。钱袋不是装饰品，不会做成开口的。

中国人用毛笔蘸着墨水写字：毛笔垂于纸面，竖行写字，从上到下，从右向左。侍卫帽子上的字代表其所服侍的官员。官员对待犯人（尤其女性）十分傲慢严肃，这是中国官员的主流态度。

枷刑

此图所描绘的是戴着木枷的刑罚。这种枷锁和我们的颈手枷差不多，只是在中国，一个犯了轻微罪行的人，脖子上就会被戴上一大块木板，有时持续几个星期，甚至几个月，有时连同两只手都会被卡在木板的小洞里。图中的犯人所受之刑并不是最常见的刑罚，只是人身自由受到限制。犯人的罪名一般写在木枷的边缘上，有时也会写在与木枷相连的牌子上。

贯耳

图片中间的那位是衙门中的低级官吏，他手中举着的彩绘的牌子在向世人告知受刑者的罪名。图片右侧的那位正在斥责犯人，从衣着上看是清朝的官员。中国刑罚常用利器刺穿犯人的耳朵，如图中就是用一支箭刺穿犯人的耳朵，称为贯耳。据说，有个人因为对马戛尔尼勋爵使团中的一位随员无礼，而被鞭挞50下。随后，还被用一根铁丝残忍地将手跟耳朵穿在了一起。

有仆人伺候的母子

中国的女性，在生活中的地位处于一种附属的、可有可无的状态。相比欧洲，中国的仆人地位也不高。中层女性很少露面，地位也很低，服装通常变化很少，并不时髦，随着季节的变换，其装饰品各有不同，这是装束上的唯一不同之处。除了亚麻布，女性还采用丝绸纱做衣服，外面穿汗衫和塔夫绸裤子。如果不是天气变化的缘故，她们会一直穿着丝绸或缎子长袍，衣服上的绣花丰富多样。如图中展示，她们很注重头上的装饰，头上抹头油，头发紧紧地盘在一起，额头上通常有花冠，用金簪或银簪固定在一起；前额头有抹额，抹额中间拼有一块尖尖的天鹅绒布，布上点缀着宝石；额头两边整齐地插着假花。抹额的坠饰是由两串念珠组成的，悬在肩膀上，同样也是服装装饰的一部分。很多中国女性非常喜欢化妆品：通常脸部被搽为白色和红色，下唇点上亮红色；眉毛狭长，黑黑的，成拱状。

她们鞋子的做工很讲究，脚踝以上不能被看到，由宽大的袍子遮住。男孩在7岁前，通常留有两条辫子，绑在头部两边，利于成长。仆妇一般处于更下层的地位，手上戴着黄铜或白银戒指。

妇人和她的儿子

图中所绘的是中国上流社会中的一对母子。从两人的衣着来看，并非皇亲贵胄。这名妇女头戴发簪，裹小脚。裹脚后，女性便不能自由地活动自己的肢体。这种行为不应该被效仿。

一群孩子

图中一群孩子在场外用餐，他们吃饭时没有规整的桌椅，而多是蹲在用简单物品支起的锅前。中国的农夫和劳工，大都能下厨做饭。厨房的摆设很简单，一锅一灶即可。主食一般都是煮熟的大米，肥肉或咸鱼对于他们来说，已经是美味佳肴了。喝的除了水就没有别的了，一个孩子身上背的葫芦就是用来装水的。

仕女

中国上流社会仕女的服饰非常漂亮，尤其是头饰，显示了她们高雅的情趣。图中的仕女身着长外衣，衣上的刺绣增添了几分典雅，只是她的小脚让人觉得不和谐。由于当时她们的教育受到了限制，所以刺绣成了她们打发时间的活动。此外，她们也会照料一些花花草草，或是养鸟。仕女身后的背景建筑显示是北京西城门附近。

女佣和孩子

图中是一位女佣和两个孩子。女佣身着棉布服饰，衣服的款式与女主人的区别不大。只是女主人衣服的材质一般是丝绸，因此从衣着上就可以看出她们的身份。那时的中国妇女，不管穷富，都缠小脚，否则会觉得自己低人一等。

掷骰子的农民和水手

中国人非常沉迷于游戏，只要他们有一副牌或一些骰子，他们就可以玩起来。斗鸡非常流行，鹌鹑也基于同样的目的被圈养。他们同样也玩斗蟋蟀、斗蚱蜢等游戏，人们把昆虫等放到盆里争斗，旁观者对此下注。昆虫互相凶猛攻击，经常会被撕掉肢体，非常暴力。中国骰子与西方国家的很相似，但玩时不用盒子，而是用手投掷。

在中国社会中存在丈夫买卖妻儿的现象，如果丈夫贪财，妻儿就可能被置于危险境地。值得一提的是，在进行所有的游戏时，无论娱乐还是赌博，人们总是非常吵闹。图中手拿农具的站立者是一位农夫，另外一位头戴小黑帽坐着的是一位水手，他旁边放着一个锣，半金属锅盖状，紧挨着的是一根锣锤，敲打时锣会发出尖锐刺耳的声音，在很远的地方都可以听到。

船在运河中行驶时，锣通常被挂在船头，有特别需要时敲响锣，岸上的纤夫听到后就会停止拉船。通过这种方法，可以避免混乱。如果没有这种工具示警，船只可能会胡乱行驶，因而引发事故。响锣曲调多样，纤夫需要清楚地了解船上所发出信号的含义。

中国赌博:斗鹌鹑

在中国，养鹌鹑比养斗鸡更普遍，在欧洲也是如此。公鹌鹑遗传了强健的体质，要精心训练。它们的主人告诉它们怎样凶狠地打架，它们的表现便可以与最好的斗鸡的气势相媲美。尽管国家律法禁止赌博，但是许多官员不予监管，甚至也参与其中。太监非常喜欢斗鹌鹑，他们经常在宫里赌斗，甚至组织大的竞赛活动。如果两只鹌鹑斗志都不高，就一起落败；如果最后的勇者啄伤了对手，则被视为胜利。据说，争斗的结果往往不仅涉及金钱，甚至赌斗者的妻儿也会被当成赌注，成为赢家的小妾或仆人。图中抽烟者手中拿着一串钱币，正与帽子后面有羽毛的人赌斗。

推车人

顺风之时，经衙役或者监工许可，车夫会拉起简易帆布以减轻推车的负担。逆风时，帆布则被搁置一旁，需要另外雇人帮助，雇工把绳子拴在胸前用肩膀拉车。图中车厢里有很多东西：一些蔬菜、一篮水果、一盒茶叶、松散放置的竹子、一坛酒。酒坛上的塞子周围用泥巴糊住，防止空气进入酒中令酒变质。车子一侧挂有车夫的帽子及能够帮助车子良好行驶的小工具。弥尔顿在其《失乐园》中描述了这项发明："他中途会降落在塞利卡那的戈壁，沙漠上，那儿中国人利用风帆与风驱动，他们的藤制轻便货车……"

一群中国人—— 避雨图

雨季到来时，中国人穿着外罩，包裹严实以避风雨，保持身体干爽，很大程度上阻挡了潮湿天气所引发的疾病。船工、农民等一些人，如果雨天需要外出工作，通常会穿上由稻草编成的上衣，稻草像水鸟的羽毛，雨水可以从上面滑落。有时，他们穿用高粱秆子做的斗篷，这样可以完全遮住肩膀，还有用稻草和竹子做的宽大帽子，这些均能抵御日晒雨打。如图中站立人物所示，这样的穿着足以抵挡瓢泼大雨。油布伞下的士兵身着便装—— 镶有红边的黑色棉布短上衣，身后依偎着他的孩子，孩子几乎被伞遮住了。吸烟人穿着毛茸茸的皮大衣，头上戴着毡帽，可能由羊毛制成，大衣有点旧，里面的毛边已经破了。

农夫一家人

在中国，抽烟非常普遍，甚至经常可以看到12岁的女孩也以此作为消遣。图中的母亲穿着北方的衣服，前额戴着天鹅绒抹额，配有玛瑙或玻璃珠子；头发上抹着头油，向后梳得十分光滑，很像日本人的发型；脑袋后面有皮环，所有头发用象牙或玳瑁簪子聚拢在一起。

这个阶层的人，无论男女，一般都穿着各色棉布衣服，当然，最常见的是蓝色和黑色。有的母亲在作坊里上班，有的要像男人一样干活，有的要划船，因此她们通常采取这样的方式带婴儿：把孩子放在襁褓里，然后绑在肩膀上。图中的父亲腰带上挂有烟草袋、刀盒、打火石——中国人使用打火石时会快速点燃。年长的女孩，头发盘在一起，团在顶部，配有假花。她正准备吃晚饭——手中拿着筷子，面前有一碗米饭。女孩的脚不允许长大，要用绷带紧紧地缠住：四个脚趾头放在脚底压在一起，向大拇脚趾头靠拢。

因为这种特别的习俗，成年女性的脚大都不超过五寸半。农民很痛恨这种小脚，她们不得不穿上绣花鞋，还要用带子绑住脚踝。从其服装可以看出，他们处在贫困阶层。

NO.70

用于捕鱼的鸬鹚

鸬鹚被称为中国鱼鹰，跟英国普通的鸬鹚很相似。鸬鹚被训练用于捕鱼，常被渔船或竹筏带到河流上。它们对捕鱼非常在行，训练有素，在主人允许之前一般不会把鱼吞掉。在中国，渔民们大多是靠这些鸬鹚帮他们捕鱼的。

男仆

图中是一位男性家仆，他的服装跟普通仆人的差不多。中国仆人做起事来干净利落，只是反应比较迟缓，也不喜欢被人冷落。居住在沿海地区的每一个欧洲人都有中国仆人，也会有中国仆人被带到英国。看得出，他们还是比较受欢迎的。

NO.71

更夫

在中国的大城市里，街上都有守夜人。那里的街道都是笔直的，而且每条街道的两端都设有关卡。街上的人家，每十家为一甲，甲长要负责保证这十家人安守本分。更夫在巡夜时，左手拿梆子，右手握木槌，每隔半个小时就会敲响打更的梆子。敲击梆子发出的声音很沉闷，这让听到的人感到不安。每个更夫的手里还会提着一个纸糊的灯笼。如果遇到紧急情况，驻扎在城门口和主要街道的守城卫兵会及时增援。

NO.72

拾粪的孩子

图中身背箩筐的两个孩子正在路上拾粪，之后会把这些粪便晒干，做成饼状出售，用以维持生计。这是中国最底层家庭的生存方式。在路上如果遇到有人骑马经过，他们便会跟随其后，寻求机会拾到马粪，这想想都让人觉得滑稽。人们也会把拾到的粪便撒在田里当作肥料，粪便的价值被中国人充分地挖掘了。

商人

图中人物的衣着应是中产阶层的穿戴：丝绸无袖短上衣、天鹅绒领子、棉线织就的袜子、绣花的鞋子。他腰间挂着烟斗、烟袋、刀筷，右手挎着装有燕窝的篮子，要拿去卖给喜好享乐之人。

燕窝一般由燕子这类鸟筑成——用海边石头上的黏胶将精美的海草细丝黏在一起。相传燕窝主要是在巽他海峡[①]附近的山洞里发现的，那里有一大片岛屿，靠近越南南部沿岸，当时我们称之为“西沙群岛”。燕窝在水里日渐成了厚厚的胶状物，并成为中国人认为的极其美味的东西，在他们眼中，这是绝佳的食物。因此，这些东西极受上层社会推崇，由于价值不菲，穷人是根本吃不起的。图中背景是杭州一隅，人物站在岸上，不远处有一个驿站，驿站的杆子上挂着灯笼。

---

① 巽他海峡，印度尼西亚爪哇岛与苏门答腊岛之间的狭窄水道。——译者注

卖灯笼的商贩

中国可以说是世界上最喜欢灯笼和火焰的民族，也是最会运用技巧展示灯光的民族。每逢节庆，尤其是元宵节时，街上会有各式灯笼，有的像鱼，有的像鸟，有的像树和灌木丛——灯笼上还画有果子和花朵，栩栩如生。最常见的就是彩绘的灯笼，在丝绸薄纱上绘上画后，将其蒙在一个做工巧妙的灯笼架子上，配以流苏装饰。还有一些灯笼是圆形和圆柱形的，蒙以轻薄透明的角质材料，可以做得很大；图中人物所拿的就是这种普通的灯笼。

走乡串巷的铁匠

东方民族有一个共性，往往最简单、笨拙的工具成就各门技艺。手艺人多喜欢挑着器械和担子走乡串巷，而很少选择在固定的工棚里劳作。图中铁匠的工具虽然很多，但锻造的产品却很次。风箱是一个带有阀门的木箱子，不用时可以装工具和充当座椅，就像剃头匠把他的挑子作为座椅，木工把他的尺子作为手杖、把收藏工具的箱子作为座椅一样。这种权宜之计，在印度和中国相当普遍。

NO.76

米贩

在中国，小商小贩沿街叫卖时都会选择挑着扁担，很少见到他们把东西顶在头上或是扛在肩上。虽然表面上看起来他们不是那么健壮，但是在举重和挑担上，很少有人能比得过他们。图中所绘的就是一位米贩，他用一根竹扁担挑着两个装满米的篮筐，行走在大街小巷。

卖烟杆的小贩

图中我们看到的是一位卖烟杆的小贩，他手里拿的、身上背的都是烟杆，嘴里还抽着烟。在清朝的国土上，烟叶被广泛生产。更难以置信的是，原本对这种新引进的事物反感的中国人会在3个世纪中，将抽烟变成了一种习俗。他们在逛街或是工作时，也是烟不离嘴，就连8—10岁的孩童也都随身备着抽烟的器具。不抽烟的时候，烟杆就被放在布袋里。图中烟杆上还有个小的绸袋，那是用来装烟丝和槟榔的。烟管一般都是竹子做的，而烟锅则是用锡合金或瓷器制成。这一切足以说明，抽烟的习俗在中国已经存在很久了。

卖槟榔的小贩

在中国的南方省份，咀嚼槟榔跟抽烟一样普遍。人们通常用蒌叶将槟榔包裹起来咀嚼，还要把槟榔同贝壳磨成的粉拌在一起。槟榔树的树干笔直，有一簇叶子长在树的顶部。由于其生长需要温暖的气候环境，所以它能够在南方自由生长，在印度和东方岛屿的每个地方都很常见。在沿街叫卖的小商贩那里，蒌叶和贝壳粉都可以买到，就连小吃店里也可以随意买到。

正在用算盘算账的商人

图中的商人正在用算盘算账。算盘被分为两个隔层，中间用铁丝加以贯通，铁丝上串着可移动的圆珠子。在上面的隔层里，每根铁丝上有2颗圆珠子；在下面的隔层里，每根铁丝上则有5颗。至今在俄国还有人使用这样的算盘，算盘的工作原理跟古罗马的珠算属于同一类型。有人曾注意到，在给大量的装箱茶叶或大包货物过秤时，中国的账房先生与其他国家的同行相比，计算速度还是相当快的。

正在运货的搬运工

中国人常利用装在运输工具上的风帆来节省体力。这些风帆只用于增强手推车的助力，而手推车的结构变化就多了。图中所表现的独轮车与西方的差别不大。搬运工正在借助独轮车来搬运东西，风帆替他节省了不少力气。

绕纱线的妇女

图中所绘的几位身着棉布衣的农妇正在绕棉纱线。她们面无表情，相貌也不好看。农妇们的服装，一般是蓝色或棕色的棉布长外衣，裤子大都是绿色或蓝色的。

船家女

在中国，有上百万人生活在船上，因而女人的驾船技艺——尤其是划船和掌舵——跟男人一样精湛。她们的衣着打扮和男人几乎没什么区别。图中的船家女留着跟男人一样的大辫子。平时，船家女一般会把头发盘上去。船家女没有裹小脚，也不穿鞋子。有的船家女还会像男人那样抽烟、嚼槟榔。

NO.83

船工

在中国，有好几百万人以船为家，有的经商，有的运送行人，有的在船上养鸭，有的捕鱼。这些船，有的配有桅杆和风帆，有的靠摇橹或撑篙，还有的靠着人和其他动物拉纤前行。图中船工身后挂着一面铜锣，它被用来指挥纤夫的动作，并将敲锣者的状态和意图传达给其他的船。当有大的船队需要抛锚或是停泊过夜时，就会听到从船上发出的震耳欲聋的敲锣声。对于经常生活在那儿的人来说，每一声响锣的含义，他们都能够明白。

马车和车夫

这是中国最普通的一种带轮子的马车。马车上没有装弹簧，车内也没有安装座椅，乘坐时需盘腿而坐。女人们乘坐时，就会在车前面装上一张帘子，以防路人盯着她们看。马车的车厢两侧都会留出一个人头大小的方形窗洞，以便光线进入车内。在恶劣天气下外出旅行时，有些清朝高官也会选择乘坐这样的马车。

轿夫

图中人物身穿过膝的黄色长外衣，他是皇帝的轿夫。在清朝，皇帝出去处理国事、接见特使或主持朝政时，都会乘坐轿子。一般情况下，只需要2对轿夫，但在盛大的场合，有时是4对，有时也会是8对轿夫，而且轿子还会被加上横杠。轿夫都是选择最高大、最强壮的男子担任。

一顶常见的轿子

这是一顶乡下人乘坐的普通轿子。因为在清朝，劳动力的报酬很低廉，食品的价格也很便宜，所以，地位高于普通劳工的人都能坐得起这样的轿子。

NO.87

轿夫

图中所描绘的，是低级官员乘坐的一种轿子。在中国，不同省份、不同社会阶层的民众所坐的轿子也不同，就跟他们乘坐小船和平底大船的规矩一样。图中这种轿子的抬轿方式，并不是把抬杠直接拿在手里，而是将用一根皮带与其相连的横档扛在肩上。不同的轿子抬轿方式也不同。

流浪音乐家

图中所绘的是位流浪音乐家，你看他用一只脚敲鼓，另一只脚击钹，还能够抱着阮自弹自唱。身旁的口袋里装着长笛和唢呐，看来管乐器他也很精通。地上还可以看到一副快板和一个心形的木鱼。跟大多数民族一样，中国人也有各种式样的乐器，只是它们产生的音乐效果不怎么动听。中国的乐队更喜欢合奏，从不分开独奏。中国人比较喜欢铜鼓、铜锣、高音唢呐等响亮的乐器，但也会去欣赏那些轻柔的音乐。

NO.89

剃头匠

那时的理发师叫剃头匠，除了帮顾客洗头、剃头之外，同时还为顾客提供掏耳朵、清鼻孔以及按摩身上关节的服务。他们常常一边为人洗头，一边讲述道听途说的故事。在整个东方，所有阶层的人都喜欢享受洗头这种奢侈服务。关于剃头匠，我们还可以在《天方夜谭》中了解更多的信息。

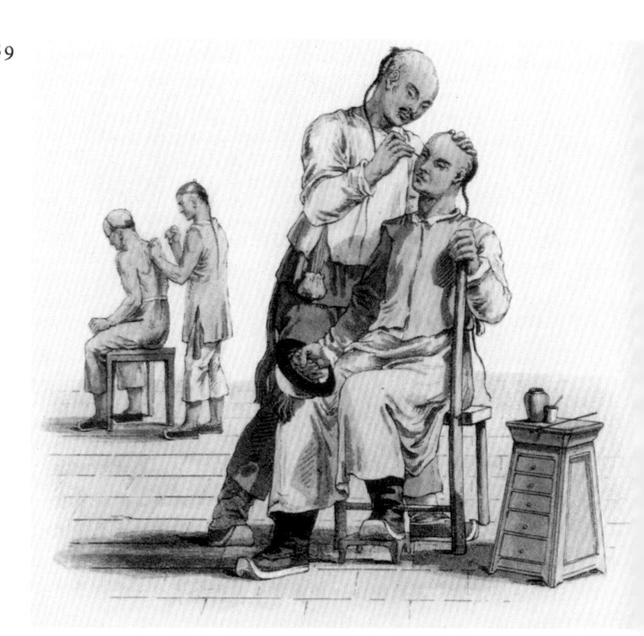

书商

很难想象，在清朝专制统治下会存在出版自由。任何一个从事自由出版的人，无须事先申请执照，也不用向指定的政府官员提交图书以供审查，但是如果图书的思想性有问题，就可能导致身败名裂。最受推崇的书籍是儒家的四部典籍，最常见的品种是中国历史、伦理道德和实用法学。戏剧作品的原型跟希腊的相似，但质量却有着天壤之别，中国人更擅长小说和伦理故事。跟我们一般使用活字印刷不同，他们使用雕版印刷。

卖食品的女人

这幅图中我们看到的是一位妇女正在大街上售卖商品，因为天气热，她用一把方形的大伞遮挡阳光。在英国使团登陆的白河河口，就有许多这样的摊位和遮阳伞。在这些小货摊上，有果脯和切开后放在冰上的西瓜。在中国，很多人都用伞来遮挡烈日和大雨。

NO.92

乞丐

在中国，乞讨不是一个有利可图的行业，因此很少有人从事乞讨。图中的乞丐，手击木鱼来吸引过往的行人。背上的告示描述了他当前的状况：没有孩子在他生病、饥饿时来照顾他。在中国，没有子女被认为是最大的不幸，民间流传着“不孝有三，无后为大”“百善孝为先”的说法。无论穷富孩子都应该懂得与父母分享。

NO.93

杂耍演员

此图所绘的是一位杂技大师正在耍两个中国式的大坛子，并做出一些高难度的动作。能够将这些12—14磅重的硕大椭圆形坛子在空中抛来抛去，真得下一番苦功夫。

戏曲演员

观看戏曲表演是中国人主要的娱乐方式，尽管没有一家剧院得到过政府的授牌许可。各个阶层的官员都在家中搭建戏台，演员的表演通常以带给客人欢乐为目的。在普天同庆的日子，如新年、皇帝寿辰及其他节日，大街上可以整天表演，演员的报酬由观众自愿支付。大使及随从人员在广东时，表演通常被安排在晚宴后以供消遣。图中是1793年12月19日大使观看演出时其中一个演员的角色肖像，当时翻译人员将其翻译成“暴怒的军官”。

这些娱乐通常伴有音乐，其中管乐器传出的突然爆发的声音和响亮的锣鼓声，不时震撼着听众的耳朵。女性不允许参与演出，所以女性角色由太监代替，他们用绷带绑住脚，看起来与女性差别不大。图中演员的服装是更早时代的着装样式。

街头表演

图中所描绘的是街头木偶戏，即通过操控连接木偶身上各个部位的丝线等使木偶得以活动。木偶戏不仅吸引了孩子们，而且还给生活在宫廷里的人们带来了不少乐趣。特别是那些少与外界联系的妃子们，常被戏中的情景所打动，尽管它们是那么的简单和幼稚。图中这种典型的中国木偶戏由躲在幕布后面的艺人控制，艺人通过拨弄小戏台上的提线木偶来讲述故事。

伶人

现在的伶人都是男孩子或太监，但之前并不是这样。图中伶人所穿的衣服是中国古代的服装，她们的外衣上有很多刺绣，大都是她们自己绣的。因为裹脚她们连跛行都很困难，更不用说到户外去参加什么活动了。裹脚已成为当时社会的一种时尚，如果哪位女子没有裹脚，就会受到周围人的歧视，可见世俗的力量之大。中国的年轻女子对于头饰也是特别在意的。

武生

图中武生所扮演的角色是一位武将，或是中国历史上的某位英雄。之所以这么说，是依据他胸铠上的纹章，图中人物是现实生活中的真实写照。喧闹的音乐和夸张的表演是中国戏剧的突出特点。

1804年版《中国服饰》的扉页

NO.99

NO.100

NO.101

NO.99 托马斯·斯汤顿
马戛尔尼大使的年轻侍从，使团出访期间他正值11—13岁

NO.100 威廉·亚历山大自画像

NO.101 用绿色丝巾罩住眼睛的威廉·亚历山大
由于天气炎热难耐，使团所经之处都扬起了灰尘。眼睛很脆弱的威廉·亚历山大便用绿色的丝巾罩住了眼睛

NO.102

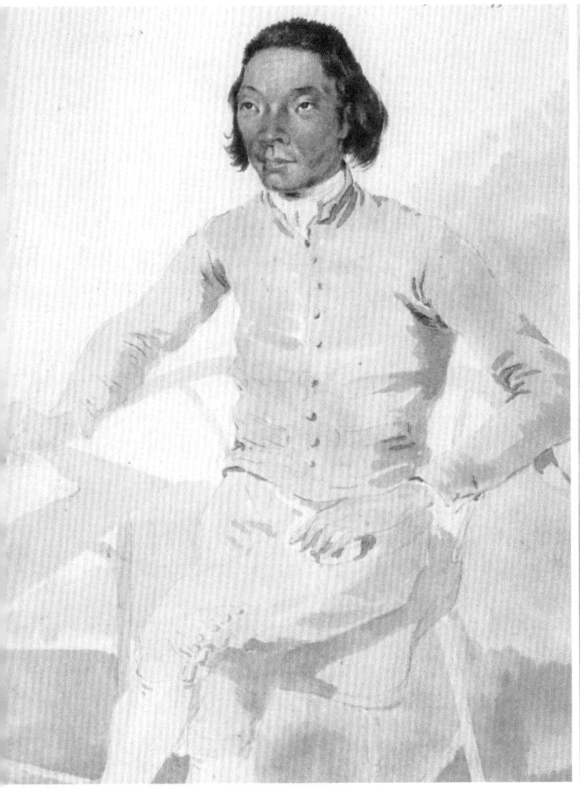

一位中国神甫
乔治·斯汤顿在那不勒斯雇用了一位中国神甫做翻译

NO.103

一位中国商人

1793年6月19日，澳门

NO.105

正在玩耍的中国儿童：背着一个葫芦，以防落水

NO.106

着蓝色（棕色）的棉上衣、黄色（绿色）的裤子，举止粗野、表情呆板的女子

澳门哨所

NO.108

抽烟的中国女人

NO.109

NO.110

NO.111

中国官员和他的侍从

NO.112

倚在一位使团人员文具箱上抽烟的中国仆人

NO.113

NO.114

銮仪卫执事

为使团服务的中国厨师

NO.115

使团帆船上飘扬的旗帜

“奋进号”在山东沿海与舰队会合

山东省登州府前的“狮子号”

1793年8月5日，马戛尔尼乘船沿白河溯流而上

NO.119

NO.120

白河旁的哨所

NO.121

从天津到通州的河岸两旁竞相观看洋人的中国民众

NO.122

使团偶遇坐轿子的达官贵人

NO.123

通州庙里的石碑

Arrivée à Tientsin.

使团抵达天津

使团进入北京

紫禁城外的皇城墙

亚历山大根据自己看到的一些细节——弓箭手、骑兵、驮着重物的骆驼组合成了这幅军队生活的日常情景

NO.128

使团下榻的馆舍

NO.129

圆明园里的房子

被英国使团称作“宝座殿”的圆明园大殿

帕里斯中尉亲自到现场画下的长城的景色

NO.132

盘腿而坐、一边休息一边抽烟的官员

NO.133　　NO.134　　NO.135

正抽烟的官员仆从

穿着礼服的马戛尔尼

穿着牛津大学法学博士长袍的斯汤顿

NO.136

NO.137

1793年9月30日，亚历山大速写的乾隆皇帝的肖像

乾隆皇帝坐像

NO.138

乾隆皇帝半身像

NO.139

乾隆皇帝接见马戛尔尼的场景

热河行宫，乾隆皇帝庄严地坐在由16人抬着的轿子上出现在大家面前

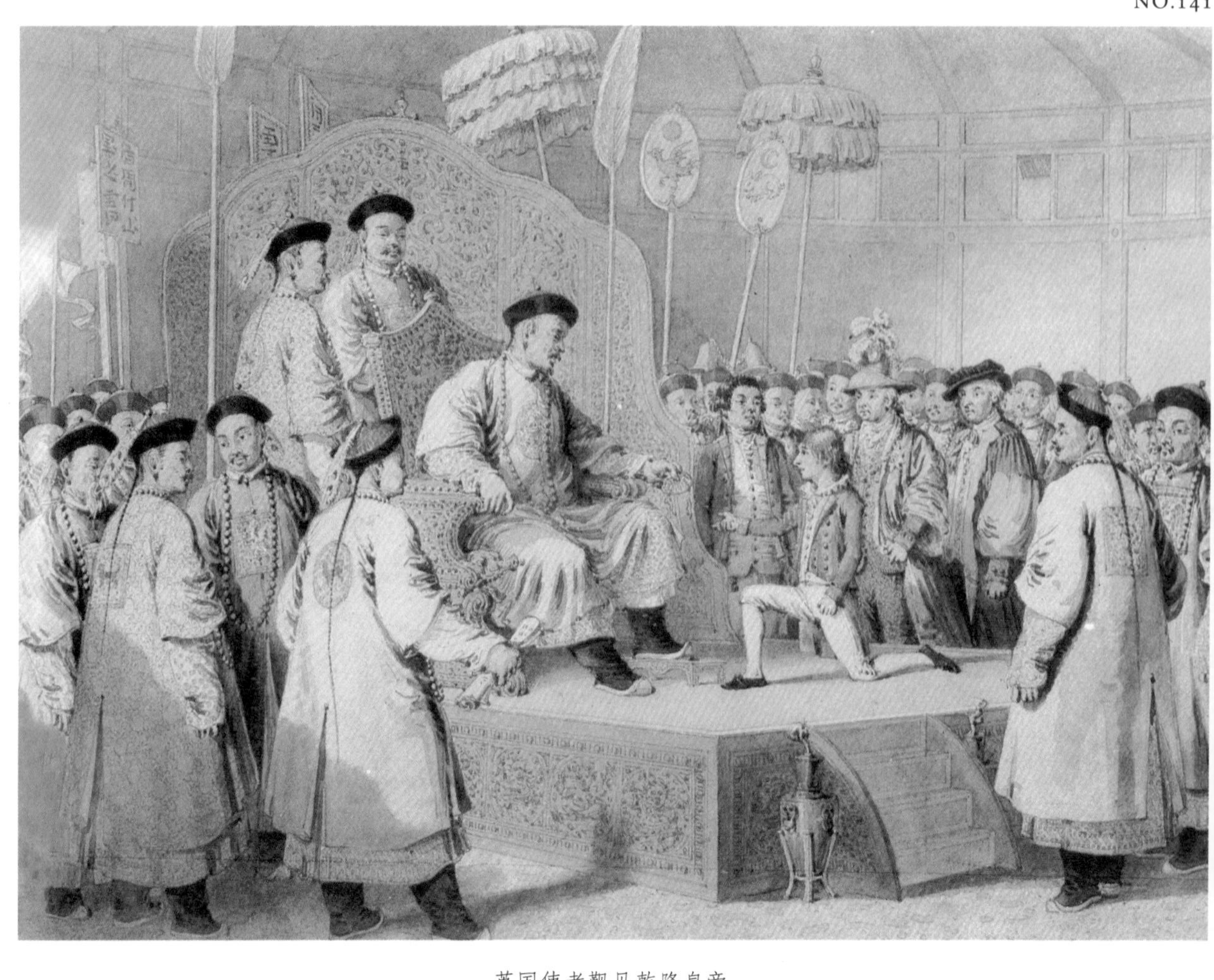

英国使者觐见乾隆皇帝

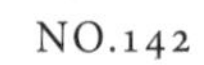

象征和平与富裕的白色玉如意，斯汤顿这样描述：这根手杖雕刻在一种中国人称为宝石的石头上，长一英尺多

NO.143

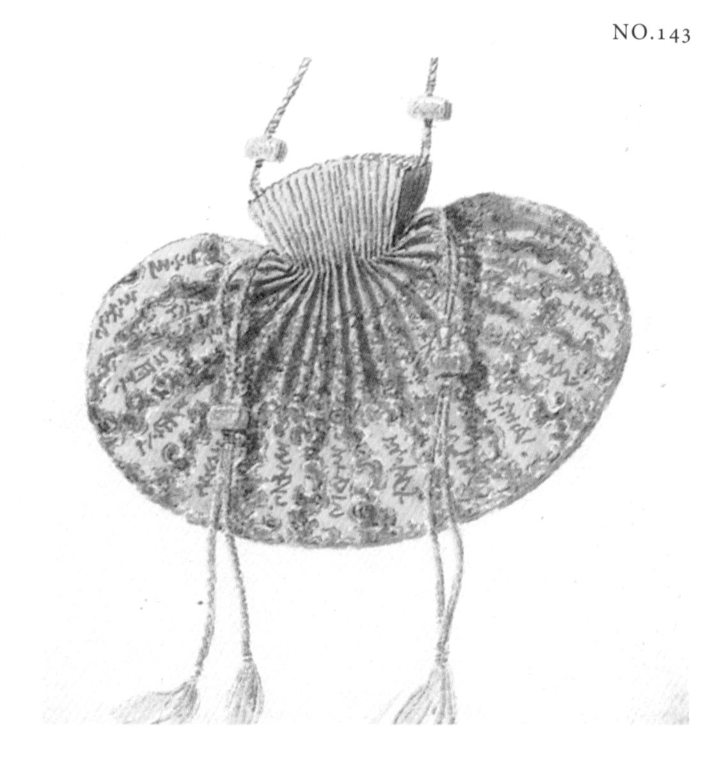

乾隆皇帝赠送给使团他随身携带的香囊

NO.144

在避暑山庄中眺望棒槌山

NO.145

1793年9月21日，使团从热河返回北京时遇到的长城

亚历山大根据帕里斯的一幅草图重现的皇帝热河行宫的湖泊和园林

位于热河的小布达拉宫

位于紫禁城最北端的湖——北海的景色

通州风光

NO.150

在通州见到的平底帆船

皇帝的“宝座”

NO.152

乾隆皇帝给英国国王乔治三世的信，被放在一个盖着黄色绸缎的盒子里

行星仪以及献给皇帝的主要贡品

到通州给马戛尔尼送信的官员

纤夫

正在用餐的纤夫

NO.157

吃晚饭的纤夫和脚力

NO.158

被锁在树边的犯人

NO.159

押解犯人

一队士兵在哨所前整齐地列队，塔楼上的一名士兵敲锣向使团致敬

NO.161 NO.162 NO.163

用来脱谷粒的捣具

水泵

另一种取水的装置

NO.164

让使团成员钦佩不已的耧

好奇的村民

NO.166

上了年纪、举止不优雅的农村妇女

NO.167

适婚的美人

NO.168

中国妇女和脚的特写

使团路过了林清庙

NO.170

船抵达微山湖附近

NO.171

船过水闸

NO.172

一种通常的捕鱼方法：悬网或袋网

NO.173

带着鸬鹚去捕鱼的渔民

NO.174

准备为主人叼回鱼儿的鸬鹚

由倾斜的平板做成的水闸

使团沿运河航行

使团受到士兵的列队欢迎，各种不同颜色的旗帜飘扬在列队的士兵中间

1793年11月2日上午，使团所乘船只进入黄河

充满令人惊奇活力的中国运河

1793年11月4日，使团抵达扬州附近

1793年11月6日，使团抵达长江

镇江金山寺

一只“画舫”上的交际花们

杭州附近的雷峰塔

在杭州西湖的游船上

载着英国使团的船只正停在苏州的一座桥下，准备通过

浙江，夜幕降临

小憩的犯人（或嫌犯）和看守

一个雷神的造型

外国人可以进入的广州市郊

NO.191

正在打磨一面铜镜的手艺人

NO.192

耳朵里塞着小硬币的两个男子

NO.193

停在广州的战舰

NO.194

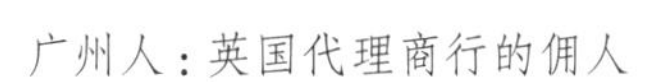

广州人：英国代理商行的佣人

NO.195

身穿皮大衣的广州百姓

NO.196

两广总督郭世勋

NO.197

广州的戏园

河边的洗衣浮桥：洗烫衣服的劳工的船只

中国服饰

[英] 乔治·亨利·梅森 著

官员们特殊的礼仪习惯

中国人的穿衣风格是合乎他们严肃的行为习惯的。一般情况下会有一件长至脚踝的汗衫：宽大的袖子从肩部到手腕处逐渐变窄，并在手腕处形成一个马蹄形的袖口，如果不挽起来的话会把整只手遮住。贵族必须要穿靴子——一种由绸缎或者棉布做成的没有鞋跟的鞋子——才能出门。官员在朝会等正式场合要穿官服（补服），图中人物穿蓝色的带刺绣的丝质长袍，外面罩着一件袖长至腕、衣长到膝的丝质外衣。脖子上戴着一串昂贵的珊瑚朝珠，帽檐由绸缎、丝绒或者皮毛制成，而且帽顶上镶着一颗红色的顶珠，其下插有一支孔雀花翎，这些都是皇帝授予的荣誉的象征。文官身穿胸前为飞禽图样的补服，武官则穿胸前为走兽图样的补服，而龙纹图样的补服彰显了人物地位的高贵。服饰的颜色是不能任意选择的，只有皇帝和皇亲才有资格穿黄色的衣服，贵族有时在庆典日会选择穿紫色的衣服，普通人一般穿蓝色或黑色的，而服丧的时候普遍要穿白色的衣服。中国人很避讳那些能表现他们内心愤怒或任何强烈情感的语言和姿态。他们无比尊重父母及长辈，热情地赞美美德，尊崇他们国家历史上有名的正直的人及爱国者。

非富即贵的人对于荣誉功绩有更高的要求。个人的功绩是他能够拥有高贵地位的基础。才和德是出人头地不可或缺的条件，无论是皇室还是世袭的贵族，任一条件不足都不会被认可。

更夫

在中国，接近午夜的时候，所有的城门和道路上的关卡都会被关闭。任何稳妥的人都不会在深夜赶路。夜晚路上到处都是更夫的影子，他们敲着左手中的梆子提示时间，并以此使自己提高警惕。被他们遇到的人都会被盘问，如果回答令人满意的话，这些人会被允许从关卡的边门通过。更夫都提着一个写有他们名字及归属地的灯笼。在非常热的月份，下层民众一般会光着脚走路。

长袜女工

男人的长袜是由棉布做成，里面填有棉花，顶部缝着一圈金色的线。这些袜子形状很怪异，但是却很暖和。中国各个阶层的生活习性里都透露着一股迷人的质朴。女人的衣服有着固定的紧领，有长到遮住双手的袖子，还有长到脚踝的衬裤，有钱人还会戴着金耳环和金臂环。中国人的头发普遍都是黑色的，女人们把它们细致地编起来或者精致地盘在头上，有时候还会用一两个簪子固定一下，或者根据她们个人的穿戴习惯饰以新鲜的或手工的花朵。她们把眉毛修得细细的。

只有处于社会最底层的中国妇女才会放任她们的脚自由生长。身份高贵的少女的父母或她们的监护人会如长辈期待的那样小心地把她们的脚趾折在脚底下。由于视野狭窄，她们被灌输了这样的思想：恢复脚天生的形状是不被允许的。欧洲人是很难理解这种行为及其动机的。如果说裹脚是为了体现妇女的家庭地位，但它却阻碍了妇女参与家庭事务—— 这对于家庭责任感来说很重要。如果是为了保护女性贞操，那持有同样贞操观的其他亚洲地区为什么没有出现类似的习俗？很容易看出，无论是源自生活习性还是偏见，中国人都表现出了对人类脚部构造的厌恶。中国妇女也因为这“时尚潮流”带来的唯一后果—— 畸形，而受到欧洲人的嘲讽。然而欧洲人并没有意识到，也许它并不雅观，但它呈现了中国人崇尚质朴、礼貌的特殊原则。

钱商

图中人物仔细检查着硬币，然后从他面前摆着的铜钱中拿出与当下兑换价相对等的数量给别人。钱币是圆形的，比英国的法新[①]要大一些、薄一些，中间有一个方形的孔，上面标记着生产的年代。实际上，这是通行的货币：或者单个使用于小额交易；或者像图中展示的一样成十成百地捆扎起来做成成串的或成捆的，标上相应的票面价值。如果他怀疑硬币的价值，可以用他右手中的工具检验。中国古代的钱币从来都不会标有皇帝的头像，因为他们认为将皇帝的肖像置于商人和下层人的手中不停地流转是对皇帝不敬。

①法新，英国在1961年前使用的旧铜币，等于四分之一便士。——译者注

剃头匠

图中的匠人正用一根扁担把贩卖的货物或者吃饭的工具担在肩上。扁担又轻又结实，还有弹性。当一边的肩膀感到疲惫的时候，他们能灵巧地把扁担从脑后摆动到另一边的肩膀上。通过历史我们知道中国人最初是不常剪头发的，然而满族人自占领中原以后，延续了他们原有的组织形式、习惯和法律，迫使被征服地区的人们接受他们的生活方式和穿衣风格。这种习俗也是为了达到让中原人忘记被侵略的历史的政治目的而被强制施行的。无论是皇帝还是底层劳动人民，都留着一致的发式：除了后脑勺中间的部分，其余的头发都被从根部剃掉了；留下的头发被整齐地编起来，并在结尾处扎上小缎带。下层的民众经常把头发盘在头顶上，防止它们随意摇摆。中国的剃头匠无论是在街头巷尾，还是在其他地方，都可以敏捷地进行剪发。他们一般按照剪头发、掏耳朵、修眉毛及洁面这样的顺序进行（这是一种在亚洲很常见的一种习俗，往往只需要花费几个铜板）。图中扁担一头的箱子的小抽屉里有很多工具，箱子还能被当作顾客的座椅；另一头秤锤一样的东西是一个大竹筒，可以用来盛水，而且我们可以看到竹筒上挂有剃头匠的剃刀和毛巾。

书商

中国在很早的时候就有了印刷术，但并未像欧洲人那样频繁使用，他们把文字雕刻在木块上。他们的纸张薄而透明，只能在一面书写，因此，对折后的每一页纸的厚度都变成了之前的两倍，折痕在最边缘处。他们一般用一种灰色的整洁的纸板，或者是上好的绸缎，或者是带花纹的丝绸做封皮。还有一种看起来非常整洁、好看的装订方法是系上红色的织锦，并缀以金色或银色的花朵，这些书的封皮上一般都写有书名。

普通人都知晓一些民谣、诗歌，它们主要表达的是关乎礼仪、责任、品行等的行为准则。中国的小说也是寓教于乐的，中国人发挥生动的想象力，并且通过对美德的极力推崇传达着教人向善的道理。为维护统治阶级的统治，书中表现出来的人性受到了一定的限制。如果书中出现对正义和秩序的否定，这些人将会受到法律严厉的公开惩罚，而且这些书的购买者将受到周围大多数人的嫌恶，出版商也将受到法律的惩处。其中，著名的文学家们对文学的普及起到了极大的推动作用——相比于武将，文人更适合高级的职位，并更容易受到各个阶层的敬重和接纳。

汉语与任何已消失的或现存的语言都不同。其他的语言都有一个字母系统，通过字母的不同组合形成音节和单词，进而形成文字。然而汉语没有这样的一个字母表，而是通过不同属性的偏旁的组合形成汉字和短语。

中国的纸有些是用棉花做成的，有些是用麻，还有一些用的是竹子、桑树，后来有一些用的是野草莓树。通过浸泡和捣碎树皮逐渐形成糨糊，然后把这些糨糊放在一个框起来的模具里，再通过炉火烘干就形成了纸。

墨水，一般被称为“墨汁”，它的制作过程首先是把煤烟连同麝香等放进研钵里搅拌均匀，当它变成稠稠的糨糊状时，就被放进小小的盒子里，标记出它的特性，然后再放在太阳下或空气中晾干就可以了。

中国人是不用钢笔的，他们使用一种毛笔，特别是用兔毛做成的毛笔。当他们要写字的时候，会在桌子上放一块圆滑的砚台，在它的一端有一个凹槽用来储水，他们拿一块墨在水里蘸一下，在平滑的另一端或用力或轻缓地摩擦墨块，以磨出颜色均匀的墨汁。写字的时候，他们要垂直执笔、竖行写字，从纸张的最上面写到最下面，并且从右边的空白处开始往左写，而英国人却是从左边往右书写，英国书籍的最后一页是中国古代书籍的第一页。

笔、墨、纸、砚，被称为“四宝”，又被称作“文房四宝”。

捕蛙人

中国下层社会的人民在吃的方面并不是那么讲究，只要是自然死亡的动物，他们都照吃不误。穷人会吃青蛙、老鼠，后来直接吃在大街上卖的晒干的火腿。士绅阶层则认为小狗会是不错的食物——在那个古老的年代，这看起来会是一顿佳肴。根据普林尼的描述，罗马人认为还在吃奶的小狗是一种非常美味的食物。

中国有专门的捕蛙方法，如图中呈现的那样，人们在夜晚用一个装有火的金属网来捕蛙。

NO.206

屠夫

像图中展现的那样，屠夫从扁担一端挂着的篮子里拿出肉来切割，而扁担另一端则挂着刀等用具。我们可以看到篮子上放着一个结实的木制砝码（如果这么说合适的话），它是用来根据顾客需要衡重的。

在所有的动物中，中国人更喜欢吃猪肉。相较于欧洲，猪肉在中国更受欢迎，而且中国的火腿特别美味。

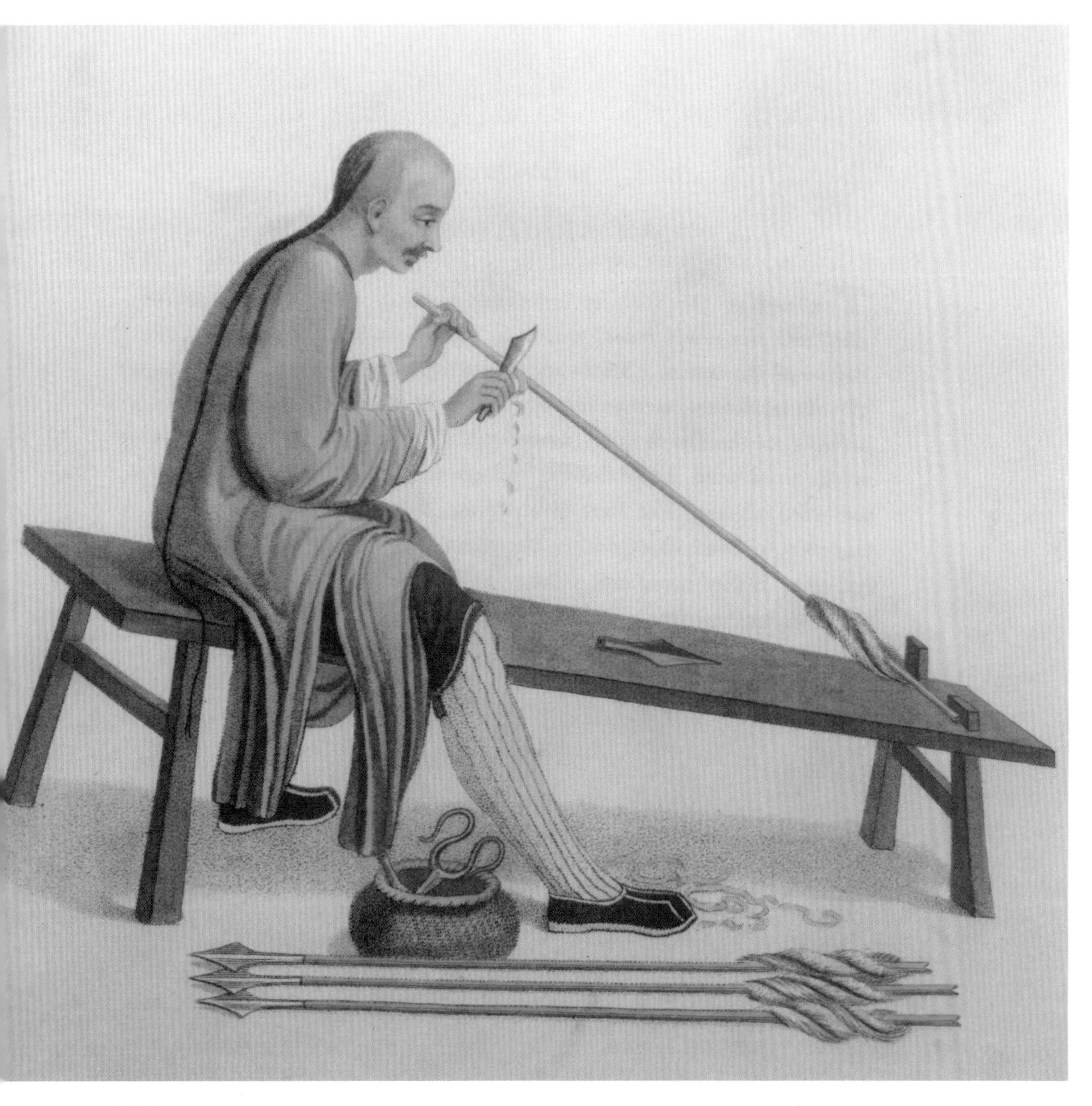

造箭师

中国的制箭工艺极其精湛，但不像土著人的箭那样有着过多的装饰。中国的箭，通过拥有非凡拉伸力的弓精准地射出去，箭柄主要是用冷杉做成的，有时候也会用芦苇，箭头会有一块菱形的锐利的铁。弓是由一根结实而柔韧的木条及牛角连接在一起组合而成的，正是它们的合力使弓拥有异常的弹性。上了箭的弓就像古老的赛西亚人的弓一样。取下箭，弓就会恢复原形—— 好像是一个半圆形。弓弦的粗细跟一支小鹅毛笔差不多，是由一些相同的丝线组成的。

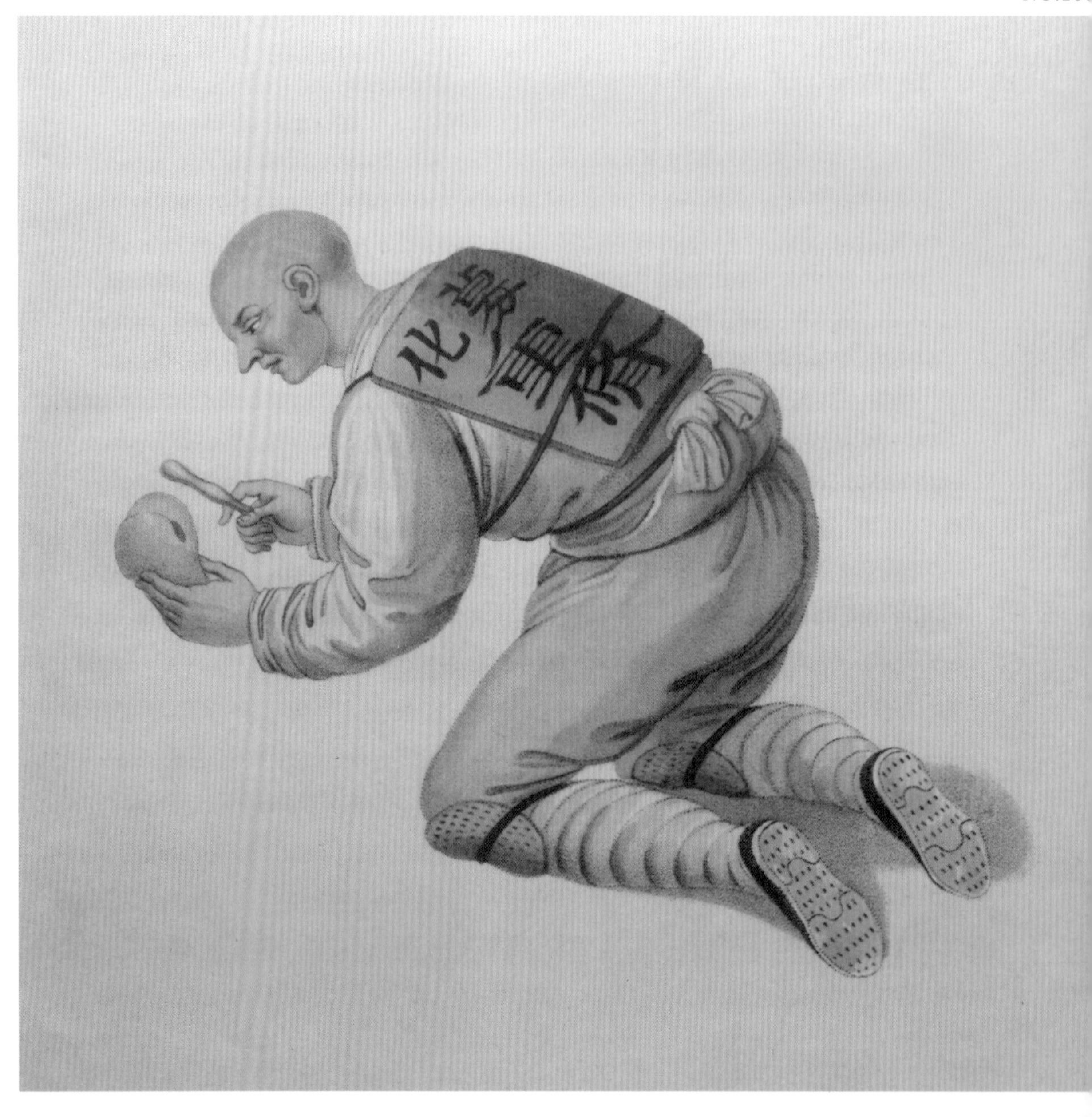

行乞募捐的僧人

图中是一名僧人。在中国，佛教的信徒远远超过了其他的宗教。佛教所宣扬的流传最广、最久的教义是灵魂轮回。这个宗教崇拜世间所有的生物，他们认为灵魂的神威可以变幻成不同的形态，正是这承载神威的灵魂才有了这些生物。他们也相信仅仅是诵读他们所信奉的佛祖的名字就可以使他们犯错后免受惩罚。这些僧人和着敲击形似梨子且中空的木块（木鱼）的温和的节拍，挨家挨户地诵经。他们修了脸，剃光了头发，以一种虔诚祈祷的姿势乞讨。为他们的佛祖服务的热情使得他们更频繁地跪拜，但这并没有使他们的肉体遭受更严重的损害，因为他们的膝盖上套着棉布做的护具，里面填有厚厚的棉花。他们背上系着一块着色的木板，其行为透露出他们所信奉的宗派及所属的寺庙。

很多天主教会会派会士和其他传教士到中国传教，这类传教活动早在1636年就开始了。据法国路易十五所说，为了传教，每年都要花费9200里弗[①]。在北京，来自罗马教廷的传教士竭力改变百姓的习俗，并诱导乾隆皇帝能让他们在整个中国领土上随意传教。

①里弗，古时的法国货币单位。——译者注

卖艺人

我们不能准确地知道欧洲人是不是从中国学来了图中这种技艺，也不知道发明这简单物件的人的好奇心来自哪里，这种无恶意的娱乐活动对每个人来说都是简单易懂的。中国的表演者会利用一些细线在透视镜后面连续表演一些画面，并把呈现的不同画面连成一个故事。

挑夫、果树和花

中国人特别喜欢在瓷盆里种花和小果树，它们被摆放在架子上或者庭院的栏杆上——瓷盆里种植的不仅有小橘子树、桃树和其他的果树，还会有冷杉和橡树，人们按照一种独特的修剪方式把它们的高度控制在两尺左右。它们在瓷盆里生长、成熟直至凋谢。

妇女

图中的女人看起来正值中年，通过她佩戴的装饰品和她的小脚可以看出她属于中上层社会。那微驼的后背迫使她走起路来摇摆不定，仿佛发出一种警示，这在欧洲人看来有一种疼痛感。她的右手拿着一把扇子或是一把伞，左手则拿着一支假花。

卖烟斗的人

中国的烟斗通常用一种竹子来做烟管——一般都是黑色的。斗钵和吸嘴（图中篮子中的商品）是用白铜做的，可以随意地安上或取下。装有烟叶的小烟袋用一根柔软的丝线挂在烟管的中间。这些小烟袋主要是用绸缎做成的，并且饰有整洁的绣花。

铁匠

图中人物的篮子里放着他的锤子、钳子、木炭等及一个风箱（这在稍后的图片展示中会有更详尽的介绍），所有这些东西的重量跟一个铁砧相当。由于使用工具复杂，所以铁匠这个职业在欧洲是最不受欢迎的。而中国的铁匠却巧妙地简化了工具，把铁砧和熔炉变得像一枚钉子或者一块煤炭那样便于携带。

NO.214

NO.215

NO.214 鼓手

中国有各种各样的鼓，但没有任何一种鼓可以像手鼓这样加入如此多的表演形式，欧洲任何地方的任何表演都不能同它媲美。

NO.215 乞丐[1]和蛇

图中这个悲惨的乞丐为了那微薄的报酬，让一条蛇绕在他的脖子上，他将要表演最厉害的部分——把蛇的头部塞进自己的嘴巴里，任何人——只要想——都可以拽着蛇的尾巴把它拽出来。编者[2]根据自己的认知断定，这种卖艺方式，尽管很特别，但绝不会包含一丁点儿的诡计与骗术。

①实际此处指的是卖艺人。——译者注
②指原书编者。——译者注

乞丐[1]和狗

这个国家有一些人是依靠不稳定的社会救济来维持生活的，这幅图为我们展现的是一个充满不幸的群体中的一员，不同的是他有一只狗陪伴。这只狗训练有素，它踏在一条作为杠杆的轻木板的一端，以抬起被固定在另一端的石头，随后石头就会落入小木杯中，就像是给水稻脱壳的动作一样。这个表演会使他得到一点儿微薄的回报，他用一个柳条盘来收取别人的赏钱。

①实际此处指的是卖艺人。——译者注

行人

这幅图展现的是一个可怜的人，也可能是一个漫游者。他徒步行走，承受着过多的悲痛与疲惫。他的穿着表明当时是早上。他拿着一根木棒，这其实就是一节荆棘枝。它生长在中国的某些地方，并经常被用来当作登山棍。这个想法也许有点儿天马行空—— 这个人要去为他死去的亲人扫墓又或者是在扫墓回来的路上。中国人总是要把自己作为儿女的这种孝顺的和遗憾的情感延伸至“那个回不来的世界”。通常已故亲人的名字被题写在一块灵牌上，灵牌被放在家里的一间大房子—— 宗祠里。在特定的时间，家族的后人们会祭拜逝者，每年也都会重新修缮祖先的墓地。为了表达对崇敬的人的纪念，人们会在那神圣的坟土旁唱哀歌，回忆旧日时光。那坟墓或堆积着高高的纪念品，或只是零落的荒堆。

画灯笼的人

中国人在他们的节日中展现的灯笼很古怪，它们的个头很大，有着各种各样的形状及丰富的装饰。它们蒙以画有花草、动物等事物的丝绸或纸张，透过灯笼里面的光来看，这些花草、动物很是逼真——虽然都是些稀松平常的事物。当夜晚来临，更夫开始巡夜之后，行走在路上的行人都会提着一盏写有自己的名字和住址的小灯笼，否则将会被当差的抓走。

中国的传统节日——元宵节的庆祝活动，从正月十三的晚上开始一直持续到正月十六的晚上。这时，人们会为督抚及其他的高级官吏制作价值高昂的灯笼，有的时候一个灯笼的价值可达100甚至150英磅。用玻璃做成的灯笼是极其珍贵的，因为在当时的中国，除非做镜子使用，玻璃是很少见的。

茶女

在中国，无论什么时候来了客人，茶都会被拿来待客。茶一般都盛在带有盖子和把手的瓷杯里，泡好后会有一股独特的好闻的气味。人们总是等茶水不烫了再喝，也从来不加奶油或者糖。

有一种生长在云南普洱附近的茶叫普洱茶。这种茶的叶子相对其他品种来说更长也更厚，并且它们会带着一种黏稠的液体卷成小球状，需要在太阳下晒干。在当地，这种茶的价值很高。人们把这些呈小球状的茶叶做成饼状，并用滚烫的开水冲泡。这种茶的味道并不是很好，但是却因为有益于健康而备受推崇。它对治疗疝气有很好的疗效，也能促进食欲，但其最精华的价值也许在于它是一种无害的提神饮料，既可以解渴，也可以醒酒，无论是中国的搬运工还是欧洲的贵妇们都很喜欢它。

酿酒师

中国士绅阶层喝的酒是一种用大米酿制的酒。首先把大米和其他的原料掺杂在一起用水浸泡一些时日，然后将它们煮沸，在发酵的过程中会出现一些浮渣。浮渣下的纯酒浆流进酒罐里，它的味道和度数跟劣质的白葡萄酒像极了。如果把这残渣也做成一种酒，那会很有劲儿也很浓烈。中国人习惯于把酒加热了再喝。

渔民

图中人物肩上扛着用来捕鱼的工具。工具上有几块蓝色的棉布，这些布通过杆上横向滑动的藤条撑开，交错的藤条被绳子绑在了一起，这样工具就能像可折叠的屏风那样打开。把这些小杆子放置在水底，就能够挡住鱼的通路了。中国人有很多捕鱼的方法，一些游人曾描述过一种特殊的鹈鹕科的鸟，它们被训练后用来捕鱼。

郎中

在中国，有很多流动的药材商及卖药的小商贩，这些人可能是外科医生或者内科医生。他们的无知会产生有害的影响，这种影响在欧洲类似的从业者中也同样存在。这些人佯装通过号脉发现病人身体内某个部位出现问题。他们依照不同病况特性给病人推荐简易的药，并声称这些药很有效。不仅有医生开设的药材齐全的大药铺，也有只卖简易药品和疗方的小贩。在中国，每个人都被允许从事药品活动：无论是政府承认的还是政府默许的。这种权利衍生出了很多的冒牌医生，百姓对此有很大的意见却又只能忍气吞声。中国人的睿智使得他们能发现一个死者是自然死亡还是暴力致死，甚至当尸体已经开始腐烂也依然能辨别。尸体从坟墓里被挖出来并用醋冲洗，然后挖一个6尺长、3尺宽、3尺深的坑，并在坑里点起一堆火。这火越烧越旺，直到它周围的土地变得像烤炉那么热。持续燃烧的火堆从坑里被移出来，然后向坑里洒入大量的酒，并放入一个柳条编的席子，再把尸体平展着放在上面。在所有的东西上面搭一块弓形的布，使得蒸汽能从任何方向散发出来。2个小时之后，把布拿掉。无论这个人生前受到过什么形式的殴打，都能在他的身体上显现出来。同样的实验也用于腐烂得只剩骨头的尸体上。中国人让我们确信，如果是严重的暴力导致的死亡，那么通过这种方法就会在骨头上找到痕迹，即使这些骨头没有碎掉或者明显的受伤痕迹。

搬运工

图中展示了一种在中国被搬运工们用来搬运沉重物品的独轮车，这些物品被绑在车子上进行搬运。相比于英国，独轮车使得建筑工作变得更轻松。

搬运工们还有一种特殊的手推车，很大，需要两个人操控，其中一个人需要在前面拉车，另一个人则需要帮助推车。在手推车的两侧固定着2根直立的木杆，当前进的途中有强劲的风迎面吹来的时候，搬运工们就会在2根木杆中间展开一块正方形的布。这种陆上运输的方式使在前面拉车的人变得不再重要，在后面推车的人除了要保持手推车的稳定和正确的方向之外，不会再有任何麻烦。

这幅图还展现了当你不想戴帽子的时候，要怎么拿着大帽子的方法。

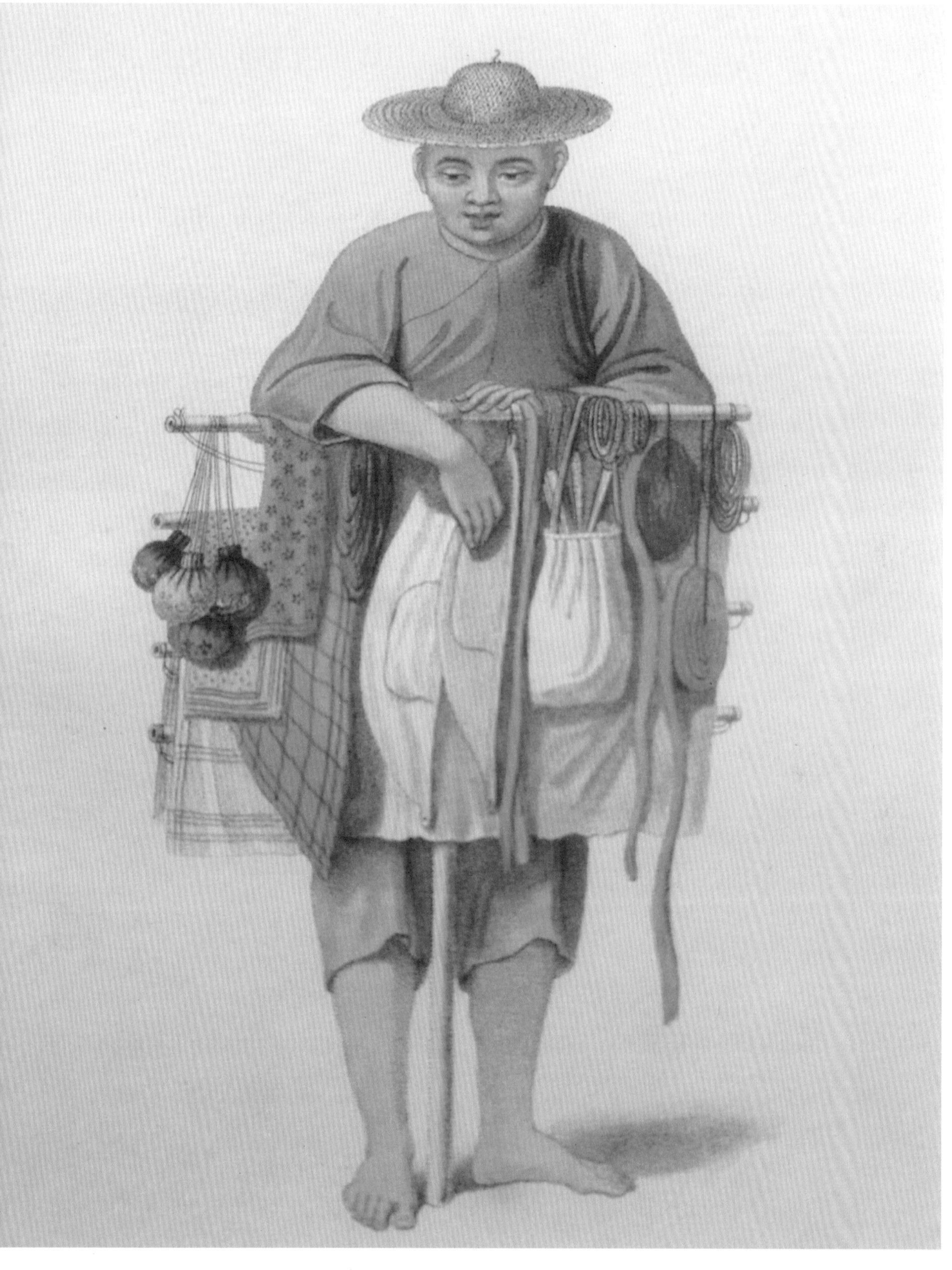

小贩

中国的小贩会把手帕、扇子、布袋、烟草袋等放在一个简单而又制作精良的竹架上到处兜售。这些货物被挂在4条横向的竹竿上进行展示。这些竹竿通过一根竖直的竹竿连在一起，这样小贩就能像扛一根棍棒一样把所有的东西扛在肩上，还能向顾客展示他的货物。

鞋匠

如同这本书中其他的很多图片一样，这幅图精确地刻画了一个在城郊地区经常可以看到的鞋匠的形象。一个篮子里放着他工作要用到的工具，另一个篮子里则放着他要用的皮革及他偶尔要坐的小凳子。中国人鞋子的鞋面一般是用黑色棉布做成的，并镶着白边。有些鞋底是用皮革做成的，这类鞋子没有鞋带，并且通常情况下是方头的。[①]

①通常清朝官员的鞋子是方头的，一般百姓的为尖头。——编者注

瓷器修理匠

瓷器在中国很普遍，很多普通的家用器具都是瓷制的：盘子、杯子、罐子、盆子、花盆，无论它们是被拿来做装饰的还是日常使用的。

大部分瓷器的原料都是由瓷石和高岭土混合而成的。它们与水混合并被捣成面团似的稠度，通过一遍遍地撇去和倾倒浮沫以除掉里面的杂质。这些泥团通过踩、揉、捏之后用大转盘或者模具制成不同形状，然后被拿去磨光。瓷器上釉后放在窑炉里烘烤，经过上色和镀金后再进行二次烘烤。烘烤的过程是最需要注意的，因为天气的任何变化都会对火、燃料、瓷器本身产生直接的影响，所以很难调控适当的烘烤温度，也会影响加工过程。

图中这位老人在用有着金刚石钻头的小钻子做瓷器修复的工作，他把细细的金属丝穿过这些小洞，使得这个大碗在修补后能够继续使用。

砖匠

不光是抹子和标绳，连垒砖的方式都跟欧洲的一样。中国大多数地方的房子都建在夯实的地面上，商人的房子除外。房子的一层一般用来作仓库，而另一层则用来作工作间，房屋里整洁地刷着清漆和镀金装饰，几乎没有什么家具。中国的砖长长的、宽宽的，而且比较薄，用模具烧制的砖普遍有着淡淡的灰蓝色。灰浆的条纹极其微小，形成窄窄的短线并用白垩做标记。用作房基的石头按照房子的大小和形状被摆放着。

NO.228 木匠

图中这个流动的手艺人把除锯子和棍尺以外的工具都放在了背上的箱子里。他的棍尺为他的工作提供了衡量标准，而这个箱子既可以当作座位，又可以当作工作台。

NO.229 穿夏装的官员

又长又宽松的服装能更好地适应温暖的天气，衣服上的每件物品无不透露着中国人的智慧。他们衣服的布料会随着季节的不同而有所改变。夏天的时候，大多数官员会在外罩里面贴身穿着丝制的薄衫，以减轻过多的汗水造成的不适，鞋子大多是用藤条工整地编织而成。同样地，他们也会戴一顶和衣服同样材质的轻便的帽子，上面装饰红缨。通常情况下他们会拿着一块手帕和一把扇子。扇子不仅仅是拿来用的，同时它也是夏季服饰中一个很正式的配件，甚至士兵都会带着扇子。中国人心目中对于美的定义是：宽大的前额、短短的鼻子、小而好看的眼睛、大而方的脸庞、宽大的耳朵、不大不小的嘴巴及黑黑的头发。他们认为端庄的人应该长得又高又壮，端坐在椅子上。大部分的中国人并不是天生就长得黑，在南部的省份，过多的劳动使得农民和工匠有着褐色的皮肤。文人、达官贵族会把他们的指甲留到2英寸那么长，以显示他们不需要依靠体力劳动来维持生存。

统治阶级、平民甚至士兵，全都蔑视商人，他们普遍认为诚信经营其实是商人精心设计的谎言。他们忽视了商业的重要性，认为商业充满了欺骗、肮脏、卑鄙、怀疑，商人都很贪婪，道德水平低下，商人处于社会的最底层，不可能是慷慨的、高贵的、真诚的，会用所谓的声望唆使那些穷困的人，想方设法来满足一己私欲。中国皇帝将民众划分为四民，把农民列在第二等，农民要亲手用犁耕种自己的或者租佃的达官贵人的土地。第三等和最后一等是劳工和商人。

官员在任上的功绩被记录下来，收录成册，成为“功德书”，这些记录提升了他们的声望。尽管没有恶行书，但是如果有官员行为败坏，他们会立即受到皇帝的惩罚：罢官免职、剥夺封号、颜面尽失。

采石工

在中国，通常情况下，图中这些石头被砍削后用于建造大型建筑物。相对于6英尺的长度来讲，它们的厚度——2—3英尺—— 很薄，高度则可能只有半英尺。很多小桥都是先用这种石头做成石墩，然后在石墩上铺上木板建成的。这种形状的石头是用尖锐的凿子和小铁锤凿成的。图中“屏风”能避免那些小碎石给从旁边经过的人造成不必要的麻烦。

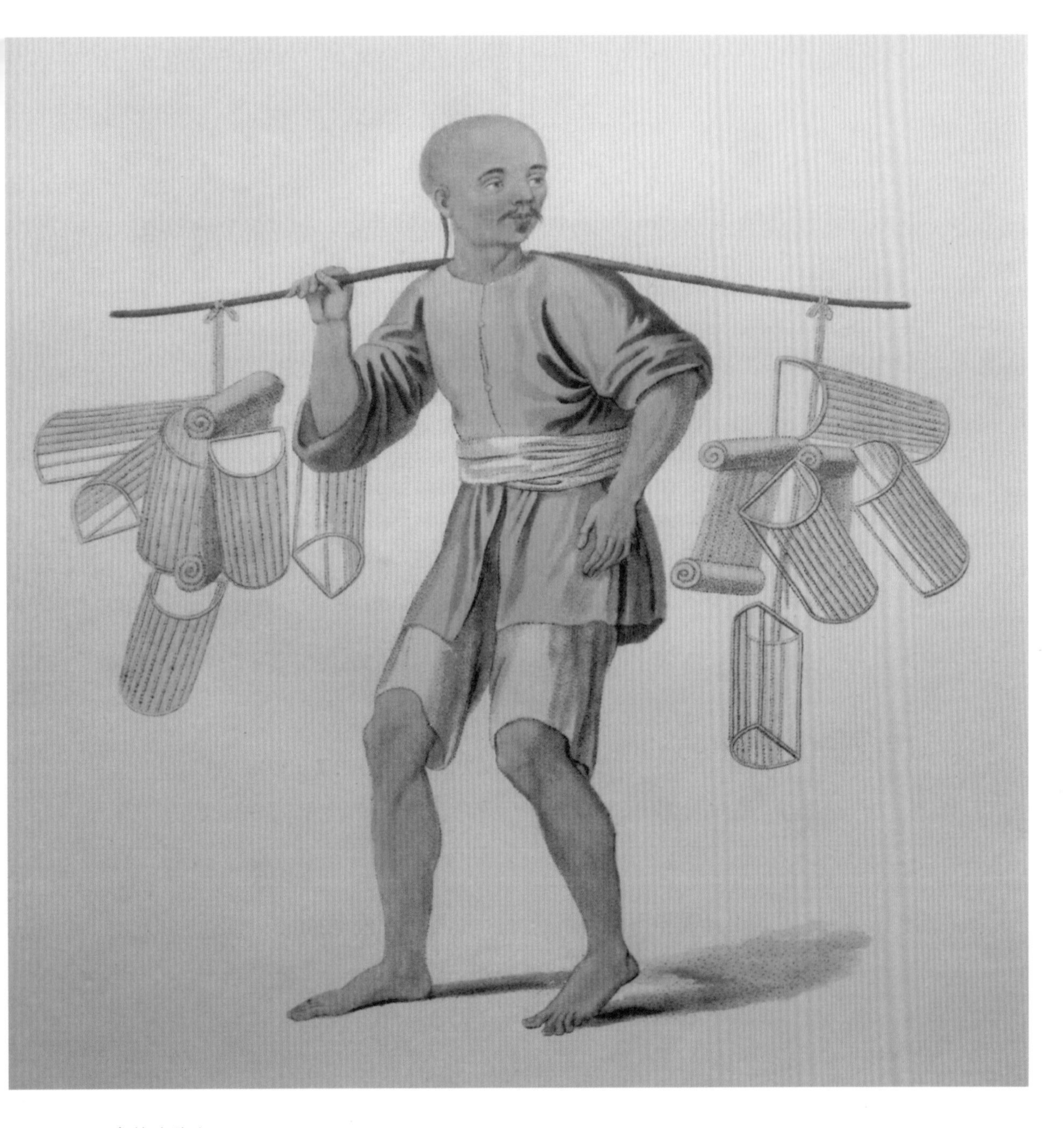

卖枕头的人

中国的普通百姓一般睡的是木板床，上面铺着褥子。晚上睡觉时，他们仍然穿着白天的衬衣，至于外衣是脱掉扔在一旁还是也穿着，取决于天气状况。这里温度变化频繁，几个小时之内气温就可能变化好几度。夏天的时候他们一般都会使用由藤条编的枕头，旅行的时候也是如此；有的时候可能会在枕头外面裹上毛皮或丝绸，这些枕头又轻又有弹性。有些枕头是中空的，可以用来当作行李箱，还能被当作放书的箱子等。

卖长笛的人

中国的长笛大约有两英尺半长，其上可以有12个孔。它们是用一种竹子做成的，能发出柔和动听的声音。在中国，人们普遍是通过耳朵来学习曲调的，据说后来他们当中很少一部分人学到了欧洲人学习曲调的方式，即通过标记音符来学习曲调。中国乐器发声的方式比较千篇一律，锣、铙钹、鼓等乐器因受敲击振动而发声，形成一种大声的、交相呼应的混合。通常乐队是在戏曲表演或其他娱乐活动中进行演奏的，并被安排在戏曲舞台的后半部分——这种布置是为了渲染表演情感或者是为了增加舞台效果。

平衡表演

亚洲人普遍都很擅长杂技表演，尤其是在平衡表演方面，没有谁能和中国人相媲美。

图片中的人通过手臂肌肉的微妙动作给予瓷罐一个转动的力量，使得瓷罐在没有任何其他外力的推动下，沿着他的手臂滑行，直到瓷罐与手臂处于同一直线上，然后他一只脚着地，另一只脚抬起，让瓷罐稳稳地停在他的指关节上。

日食之时的敲锣人

锣是一种声音响亮的乐器，是由锡、锌、铜混合做成的带有窄边的圆盘。据说大一点儿的锣还掺杂少量的银。锣经常运用在演奏会上或者军乐队里，但不像钟那样频繁地被使用。用一根结实的木锤来敲击锣，人们在几英里①开外都能听到它的声响。它的声音听起来像钟一样庄重，但是随着敲击力度的改变，锣声会变得更尖锐或更浑厚。

这幅图展示的是一个庄严的典礼上的表演，这种仪式很早就有了，每到日食发生的这种时刻，中国人都会如期举行这样的仪式。②

清朝政府 将所有优秀的天文学家汇聚到国都北京，以期使北京成为科技和知识的中心。这些天文学家运用自己所拥有的有关天体的知识，准确地预测日食并将这一发现及时传达给皇帝。在日食开始前几个月，朝廷就发布公告，将发生日食的各个省份的人们就开始为这一时刻的典礼仪式做准备。最重要的仪式即下跪叩头，头要碰触地面，并伴随着嘈杂的敲鼓声、唢呐声和敲锣声直至日食结束。中国人认为这可怕的喧嚣能够有效地驱散恐怖，寻常百姓认为日食或是因为老天爷（他们心目中的上帝）生气了，或者表示杰出的人正被天上的怪物攻击，处于危险之中。③

---

① 1 英里≈ 1.6 千米。——译者注

② 1789 年的 11 月 17 日，乔治·亨利·梅森有幸在黄埔海域的航行中目睹了这一奇观。上午 10 点，出现了壮观的日全食初亏，3 分钟之后，就几乎看不见太阳了。在整个日食期间，周围的景色被一种不完全的黑暗笼罩，非常生动和奇特。中国人认为日食是一种不祥的预兆，要么胆怯地静静等待结局，要么徒劳地制造噪声。与此同时的欧洲人就要显得更进步一些，他们对此感到好奇，以先进的知识为支撑，通过自然而非上帝来解释这一现象。他们注意到了这一现象所带来的影响，并且通过对其本质的了解相信这种现象会自然恢复。

③提布鲁斯、奥维德、李维、尤维纳利斯、塔西佗以及其他的作家们都曾注意到这种类似的古老仪式，人们猜测日食将给神仙或杰出人物带来异常的或有害的影响，于是他们通过敲击声音响亮的乐器来减轻或解除这种影响。

修补匠

正如图中所描绘的那样，便携式的熔炉为修补匠提供了很大的方便，因为无论是修补的用具，还是修补所需的材料，普遍都使用到了铁。焊接物被放在小坩埚（也就是图片里挨着修补匠的那些小坩埚）里熔化。这些被熔化的物质被用来修补铁锅的缺口，修好之后铁锅就能像原来那样正常使用了。

风箱是什么时候出现的已经无从可知了，但是很有可能在发现火的时候就开始有了风箱——当然，冶金术一定在风箱出现之前就有了。斯特拉博[①]认为是哲学家和航海家阿纳卡西斯最先发明了风箱。

中国的风箱不同于其他国家的风箱，然而却是其中最好的，甚至是最简便的。它有着木制的箱体，配有合适的铁制活塞，并且在它的一端有一个进风口，借助能使活塞在运动中接近箱体两端的设计，空气能在活塞的运动下进入风箱。这幅图片展现了风箱处于工作当中的状态。它的一端被放在地上，另一端稍微抬起一些，并在上面放置一块大石头加以固定。活塞杆有一截横向的把手，这样的话只需要手用力推动就可以了；相比之下，欧洲人要拉动风箱则几乎需要全身的肌肉的力量。图中的一个带三角支架的铁制炉子即熔炉，里面装满了木炭。正如图片所展示的那样，随着风箱推出空气，熔炉里的火焰会突然变旺。

①斯特拉博，古希腊学者，旅行家，作家。

木偶戏表演者

图中木偶戏表演者站在凳子上，一块蓝色的棉布从将其头笼罩至脚踝，他通过操纵一些很小的木偶进行表演，而他头顶的盒子就是表演的舞台。这些木偶戏表演展现的是优雅与礼貌，因此中国人的木偶戏是非常天真纯洁的，不会带坏纯洁的未成年人。

中国的年轻人可以从木偶戏中接受贞德和孝顺的思想，这些训诫使得他们能够免受国家律法的惩处。这些律法是皇权坚决抵制"毒蛇"①的象征，"毒蛇"也就是那些敢于违反自然为人类生存而设置的法则的人。不管是儿子还是孙子，只要他对自己的父母、祖父母没有尽到赡养责任，根据法律都将受到惩罚。如果他辱骂自己的父母、祖父母，那么将会被绞死。如果他殴打自己的父母、祖父母，那么将会被判处砍头。可以猜想到，中国人面对进步思想所持的保守态度来源于家庭的或者说是王权的内部阻力。

①可参看莎士比亚的《李尔王》，剧中奥本尼称呼高纳里尔为"一条金鳞的毒蛇"。

鱼贩

中国是一个渔业资源丰富的国家，甚至在沟渠里都能抓到鱼，这能给人们带来一笔很可观的收益。鱼类中最常见的种类应该是鲷鱼，通常它的售价为一英磅一法新多点儿，一般一条鲷鱼大约重5—6磅。还有另外一种鱼，类似于纽芬兰的鳕鱼，它的售价同样也很低。

淡水鱼，如鲤鱼，通常在大街上就能买到活的，而大一些的淡水鱼则会被切开，这样人们就可以根据需要购买少量的鱼肉了。

乞丐[1]和猴子

这个乞丐有一只猴子，通过猴子滑稽的表演（它的姿态古怪，并且伴随着主人间或的敲锣声，做出挂在主人脖子上的动作）来获取人们的赏钱。

①实际此处指的是卖艺人。——译者注

绣娘

图中绣娘坐在一个像是欧洲人用来缝被子的那种竹架子（绣架）旁，瓷制的凳子看起来像个罐子一样。尽管不能说中国人的刺绣手法相比于欧洲人更优秀，但他们还是很重视刺绣这一手工艺的。绣娘们可以在缎子、丝绸、丝绒上刺绣，使用不同的针法来绣成花及各种奇异的图案，人们还可以把绣成的缎面缝在其他底面上。

波斯人认为是他们的第一个君主发明了丝绸，但是中国人并不认同。古希腊、罗马人相信丝绸是从赛里斯（也就是现在所称的中国）传入了波斯，并从那里传入了希腊和意大利。他们错误地认为丝绸是一种植物产品。①

据说蚕是在中国某些省份的野生桑树上发现的。用定期修剪、精心培育的桑树的新鲜嫩叶喂养的蚕能产出更好的丝，这种带着中国人智慧的由昆虫吐的丝纺成的丝绸有着厚实的质地，如今它已经扬名于海内外了。

①依据《亚历山大传奇》：亚历山大在穿越赛里斯国时，赛里斯人在树上采摘一种羊毛，然后将它制成丝织品等。据此古代西方人认为丝绸是一种植物产品。——编者注

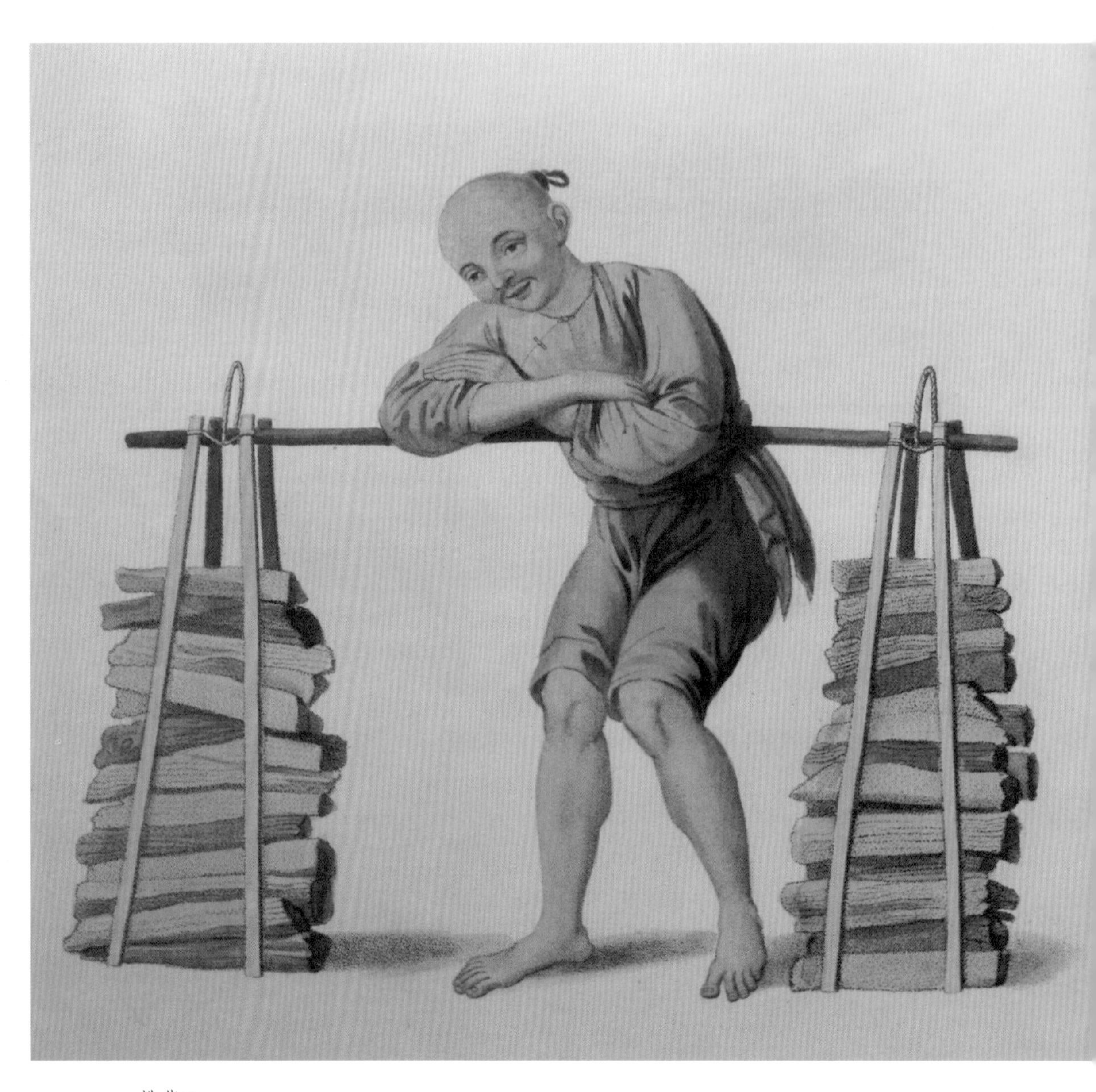

挑柴工

中国的搬运工都很健壮，据说他们能挑着约50磅的重物日行30英里。成箱的茶叶、成捆的丝绸、成箱的瓷器及偏远省份的特产等都是由这些搬运工搬运至广州的。也许图中的挑柴工是因为肩负的木材太重而感到疲惫，所以停下来插着胳膊喘气休息。令人吃惊的是，尽管中国有着蕴含丰富煤资源的山地，但是这个国家普遍还是以木材为燃料。

毛皮商

中国人一般将毛皮用在冬装的肩膀和袖口处。浣熊或者其他类似动物的尾巴，经常被作为装饰物挂在帽子上。深冬时节，中国人穿着由整张野兽皮制成的外衣，当天气潮湿的时候，他们就把带毛的一面穿在外面，展示出了一种奇异的风格。据说中国的森林里生活着各种各样的野生动物，而某些动物毛皮则出自西伯利亚和蒙古地区。最近捕获的来自美国西北海岸的海獭，有着很高的价值，它有暖和的绒毛，其柔软度和光泽度可以和未加工过的质量上乘的丝相媲美。

图中的毛皮商带着一个如今不常见的物品——一个口袋。中国人经常随身带着一个口袋，并用外衣遮住，它跟衣服不是一体的，一般是用一根绳子系在腰上。

捕蛇人

在中国及亚洲的其他地区，有一群人依靠捕蛇维生。他们有一种本领，可以用手温柔地滑过蛇的身体而不至于惊扰它，直到接近它的头部，迅速地抓住它，以使它无法逃脱也无法伤害到他们。这些蛇身上的毒囊和毒牙被去除之后会被放在一种小篮子里，正如图中捕蛇人挂在腰带上的那种。

碾磨工

图中磨被放在一个非常简易的架子上，它的底座是一张圆石盘，上面水平放着一块磨石，磨被转动并依靠它的重量将谷物磨碎。图中人物正在倒着走以推动磨石。

卖蛇人

中国人把不同种类的蛇拿来入药或者食用。毒蛇一般都是放在篮子里、桶里或是罐子里售卖，或是活的，或是被做成肉汤。图中的人拿着写有字的、用来推荐这些蛇的小木板。商人普遍都会在店铺门口一侧放一块类似这种的长木板，在红色的底板上写黑色或金色的字，用以介绍店铺里售卖的东西。并且一般都会在铺户的招牌前加上店主的名字，以表示“他不会欺骗你”。

鞋匠

图中的鞋匠在为欧洲人做鞋子，使用的是与他给同胞做鞋子时完全不同的材料。中国的鞋匠用一个锥子工作，方法跟欧洲人差不多。图中的鞋匠没有穿围裙，而是在膝盖上铺了一块宽松的皮子。据说中国鞋子的鞋底都很结实，格外耐穿，但是处理好的皮革并没有像其他国家那样当作鞋面使用。

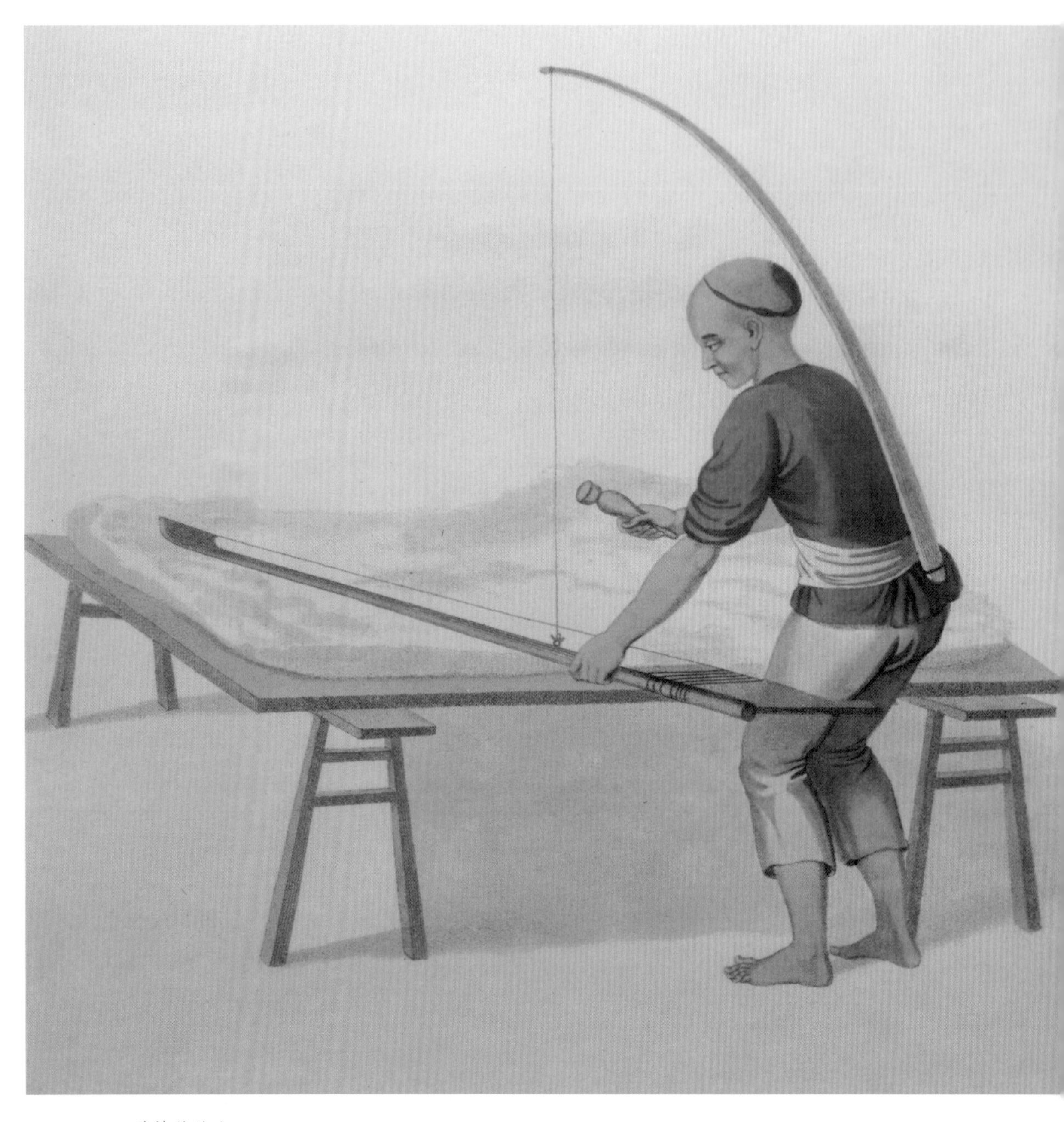

弹棉花的人

这幅图片展示了中国传统手工艺之一—— 弹棉花，图中人物左手拿着一把木弓，背上绑有一块很有弹性的竹板，竹板与木弓通过一根弦线连接。他用手中的小木槌不停地敲打着这根弦线，使棉花变得疏松。棉花很适宜在中国生长，棉花的果实—— 棉铃未成熟时与苹果有些相似，当它完全成熟的时候，棉铃就会裂开并露出柔软的棉絮。

编篮子的人

中国的很多山区里都长着一种独特的藤条，其粗细和人的手指头差不多。这是一种爬藤植物，伏地而生，向四周蔓延出像绳索一样很长的枝蔓。它们非常柔韧，被用来作为缆绳或者其他的绳子，它们被分成细细的窄条后就可以用来编织篮子了。图中所展现的编织方式跟欧洲的很相似。中国人很擅长编织藤条，这些篮子编得很紧实，甚至有的时候可以用来做水桶。

渔民和鱼叉

这幅图展现了一位渔民，他穿行在水中，用长长的鱼叉捕捉在泥里发现的小鱼。在他手巾的左边挂着一个实用的小物件，中国的底层老年人一般都会佩带。这个小物件一个小皮袋，或者叫火绒盒，它的材质类似于欧洲人的书袋，用一个小挂钩挂在腰间，它的边缘和底部用一圈铁丝固定住。那里面装着打火石及一些易燃的干菌，用这些东西能够很容易地点着火，或者用来点燃烟斗或者用于其他的方面。

皂隶

官员身边有很多随从，皂隶是其中之一，官员出行时在前面开道的就是他们。[①]他们负责为身后的人员开道，如果有人拒绝让路，他们就会挥动手中的棍棒迫使人们让路。其实他们很少需要动用武力，因为他们在行进的同时会敲击棍棒，发出一种警示的声响以提醒人们，从而为行进的队伍开路。他们的腰带还可以当作鞭子或绳索来惩罚或捆绑那些冒犯者。

①官员有权简要处理那些琐碎的犯罪案件。正是出于这个目的，他们出行的时候才会有 2 个甚至更多的随从带着板子——一种竹制的用于杖刑的刑具。

贵妇的礼仪习惯

图中应该是一位满族妇女。据说满族人没有延续汉族人裹脚的习俗，但在其他习俗、衣着和妆容等方面和汉族人很相似。从图片中这位妇女优雅的行为举止可以看出她是一名贵族，她穿着丝绸做底的刺绣袍服，里面会穿一件背心和一件贴身丝质底衫。不同的季节，她们会穿不同材质的底裤，她们的长袍从领口一直长至地面，长长的袖子遮住了双手，只有头露在外面。

透视装和紧身衣，对于中国人来说是不合礼教的，公共场合更不允许如此穿着。中国的时尚即一成不变，是久远的传统，也是固定的喜好。

上了年纪的女人的服装颜色一般比较庄重，如深紫色或黑色。她们的手中经常会拿着烟斗和手绢，她们经常把烟草和东方的香料混合在一起。中国的女人很擅长调理肤色，她们用一种白色和红色混合的脂粉来涂脸，使得她们的皮肤像是涂了瓷釉一般，她们认为这种肤色相比于画中的欧洲人要好一些。但是我们必须意识到尽管这种脂粉很有效，但它会对皮肤造成损害并催生出皱纹。然而她们并无意去诱导或欺骗他人，没有隐藏它会给身心带来有害的影响。她们热衷于此的目的是为了让男人—— 一个能让自己幸福生活的男人—— 眼中的自己更好。基于此，女人们总是想方设法地让自己变得更美，会尝试使用由宝石制成的增白剂或者用玫瑰制成的美白剂或香水。

这些女性的五官很小，看起来很娇柔。正如图中所展示的那样，她们的眼睛像羚羊的一样灵动。清朝是一夫一妻制，但是如果一个男人财力充足，那么通常情况下他会有很多侍妾。贞洁的寡妇是受人尊重的，但是这种尊重是建立在她基本上与外界没有交流、只受亲人照料的基础上的。

不同于其他的亚洲人，中国女人是质朴而沉默寡言的，她们深居闺房，像那绚烂的花儿一样，羞于见人，被束缚起来，在自己的天地里成熟、凋落直至死亡。

做帽子的人

图中展现了中国封建统治阶级夏天所佩戴的帽子的制作场景。这种帽子由最细的藤条细致地编织而成。用于装饰冠面的缨子细软又轻盈，出于装饰的目的而被染成了鲜艳的红色。这种帽子的需求量很大，据说一家小店铺一上午就售出了1000顶。在朝廷吊丧时，一般要取下帽子上的红缨，并一直保持这样二十八天。

制筒匠

这幅图中的人物正忙着焊接一个铅灰色的铁筒。在茶叶晒干以后，中国人会将最好的品种放在这些筒里，把筒盖紧紧地封住，筒的表面裹以彩色的纸，上面写着这些茶叶的名称及它们的特性。

卖菜的男孩

中国底层百姓主要以根茎类植物和其他蔬菜以及米饭为食。条件好的人家则更喜欢营养丰富的汤品，材料一般是燕窝和一些应季的食物，通常会在特定的仪式后食用。一般肉会被切成小块并被成盆地端上饭桌，与蘸盐碟不同，人们一般用肉蘸着盐水或酱油吃。中国人的餐具很简单，他们不常用桌布、盘子、刀子或是叉子，他们的餐具仅仅有一些盆子及浅碟，这些餐具被摆放在一张涂过漆的矮桌上；他们能灵活地使用筷子夹肉块和蔬菜。中国本土盛产种类繁多的蔬菜，其中很多品种在欧洲也有种植。他们的菜园产量很高，没有枉费种植过程中付出的体力和心力。

农妇

也许人们认为没有什么能缓解贫穷带来的痛苦，无论在哪个国家，农民总是要比那些所谓的特权阶级——因为骄奢淫逸而变得衰弱无力——更辛勤地劳动，对于贫穷的中国女人来说更是如此。她们露着整个大脚，这显露出她们的卑微，即使商人的女儿也会羞于露出自己的脚。在夏季的几个月里，这些贫穷的年轻女人不穿鞋子，也不穿袜子，除了长袖的单衣以外，不穿其他衣服。她们依靠繁重的劳动及受雇于人来赚取微薄的钱以维生。图中的妇女正用木桶挑着农夫或者花匠所需要的肥料。

在中国常常能看到这些贫穷的女人在河上划船，甚至是用橹划船，无数的船等着被她们划动。据说在中国的某些省份，一些已婚妇女很健壮，也很勤劳，她们能像牲口那样拉犁耕地甚至是拉动货运马车，同样地，她们的丈夫也辛勤地劳动于泥水间。

打磨水晶的老人

中国北部的一些山里蕴藏着丰富的水晶矿。中国人把水晶制成纽扣、印章或者眼镜，水晶的粉末还被用于其他水晶的打磨和切割。

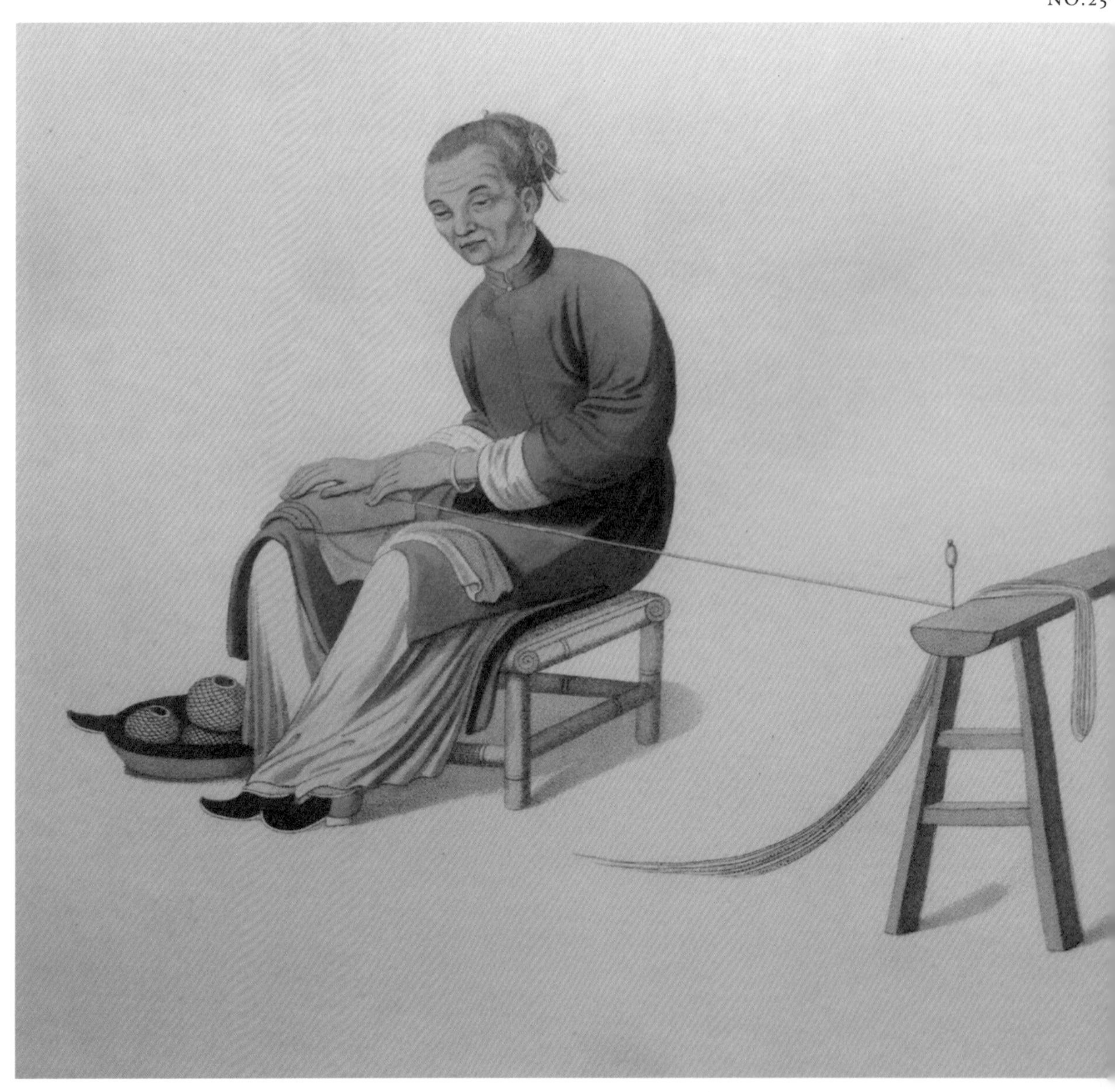

缠棉线的老妇人

图中这位妇人的膝盖上放着一片弯曲的瓦片，凸起的一面朝上。她娴熟地把棉线绕在瓦片上，之后把绕好的棉线缠成一个线球备用。不管是为了挣钱还是为了使用，男女老少都可以胜任这样的工作。通常情况下，年轻力壮的人为了报答老人的养育之恩，他们不仅守护着老人，还经常把最好的东西给老人使用。

士兵

中国士兵只有在特定的值勤时间才会穿整套的制服，包括被腿带绑系的棉布长袜和宽松衬裤、宽大的蓝色或者黑色的棉布底衫，以及镶着红边的淡黄色短上衣。图中士兵上衣背后的中间位置，也就是肩膀下面的地方有一条或一块红布，上面的黑色汉字代表了他所属的连队。图中士兵长长的辫子垂到了腰间，头上戴着一顶带着红缨的帽子。整套的正式制服还应该有一件沉重的、带有刺绣的束腰外衣，外衣用一条宽宽的腰带束紧，腰带正中有一颗用以装饰的宝石样纽扣。

中国的攻击性武器主要有弓箭、矛、佩剑、火绳枪和步枪。这些步枪的口径都很小，被架在城墙和堡垒上，但大多数时间都不用。在外人看来，中国的武器和射手并没有攻击力，同时他们也并不了解火炮。弓箭手把弓串挂在臀部左侧的开口匣子上，背上斜挂着的箭袋里装有一打箭，箭羽从右边的肩膀处露出来。剑士会把他们的剑佩戴在腰间悬挂在左边大腿上，剑柄朝后，为了抽出剑，右手就必须伸到背后，尽管这有利于偷袭别人，但是也很容易把自己暴露在对手面前。有些剑很长，按照相应的比例，它们的剑柄也很长，以至于可以双手前后握住抽出它，这种剑很重，主要是首领们使用。在战役中，最重要的是以武器射程远及灵巧而著称的弓箭手。

中国的防御性的器具主要有锥形的铁头盔、厚重的盔甲外衣，以及刻画有兽首的宽宽的盾牌。

不服役的时候，中国的士兵被准许做一名工匠或农民。这使得他可以暂时放松军事训练，但必须保持士兵应有的态度和举止。总而言之，在中国，士兵这一职业受人尊敬并且待遇很好，收入相比于其他的劳动者来说要高很多，并且定期发放，极少被克扣。因此，中国没必要通过诱人的或强制的手段招募士兵。即使在和平时期，中国的军队里，包括旗兵在内，估计也有100万的步兵和80万的骑兵。

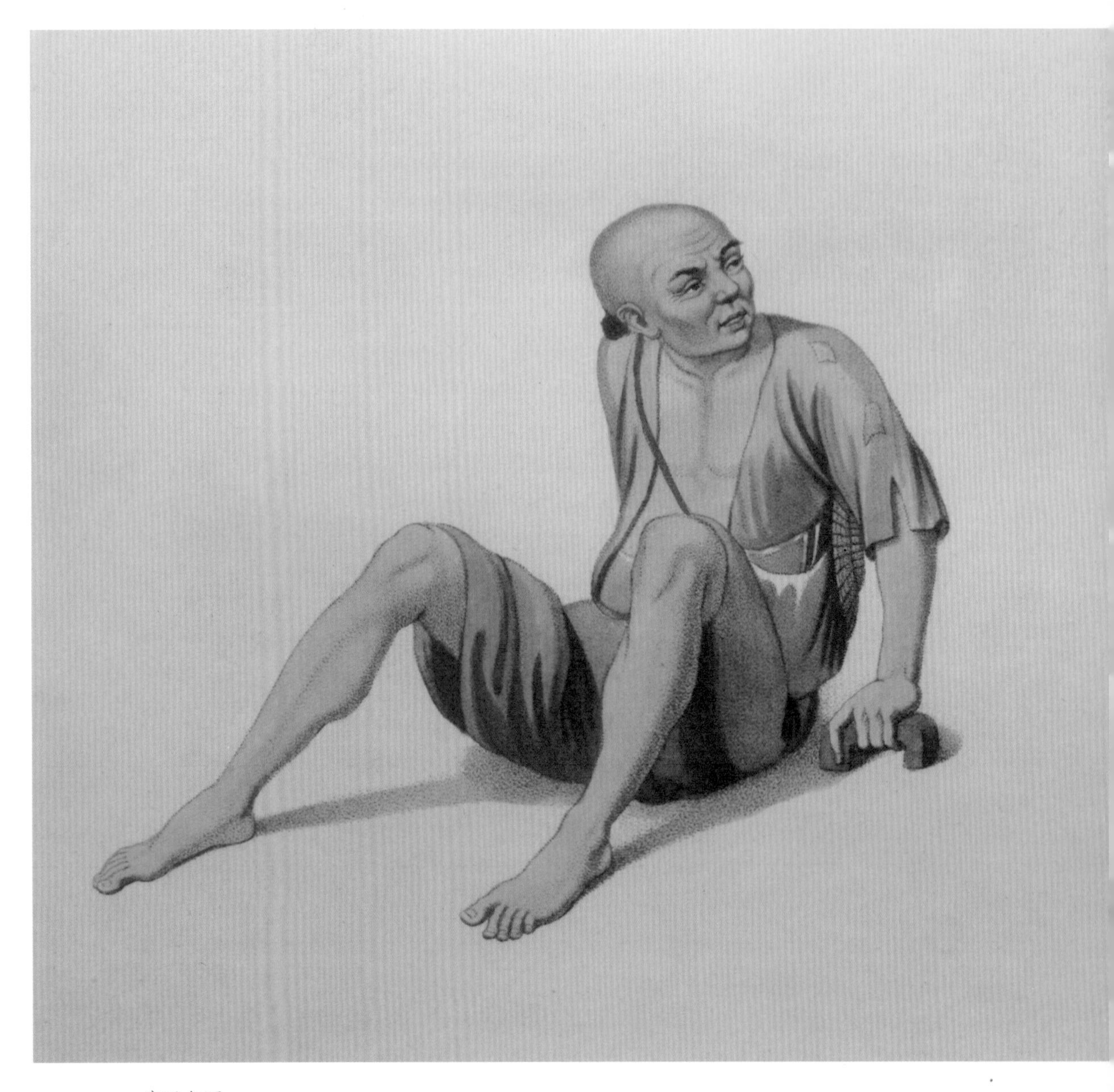

瘸子乞丐

也许图中人物并不是天生残疾，也不是长大后受伤所致，很有可能是被他的父母有意致残的，为的是让他变成一个特别的残疾人，以惹人可怜。这种行为在中国的下层社会中经常发生（也有可能是诽谤，是失真的描述）。

在人口众多的东方世界，这种天生畸形还是很罕见的，以至于无论何时他们出现在人们的视野中都会引人注目。我们可以看到本书中描述的四个乞丐各有特点：

从带着狗的那个乞丐的脸上，我们看到了痛苦和一些小诡计。耍蛇的那个乞丐表现出一种不情愿和自我厌恶感。耍猴的乞丐则表现得很温和，为的是求得怜悯。而从这个残疾的乞丐脸上，我们看到了被突出描绘的痛苦和不幸。

中华服饰考略

[英]哈迪·乔伊特 著

前言

这本独一无二的服饰史的编译会让现在以及将来研究中国服饰的学生获益匪浅。清廷的隆重礼仪已经永远逝去了，在皇室婚礼中，耗费大量财力来为新娘置办一件高贵华丽的礼服的时代已经一去不复返了。不过，在一些大城市，时尚的中国新娘会穿传统的盛装，有时候她们会像西方的女孩们一样，对其稍微做一些改动。

在皇帝和官员参加的盛大聚会上有很多无与伦比、令人惊叹、代表着尊贵的华丽服饰，无论是飘逸的丝绸，还是完美的搭配，结实、昂贵而又引人注目的皮毛制品，现在大多让位于男式的无尾晚礼服、燕尾服、大礼帽、量身定做的礼服、下摆裁成圆角的礼服、普通的西服、非常合体的宽松长裤。真正时尚的中国人有很好的着衣品位，可以看到他们服饰的完美裁剪，但是，独特的中式官服和高雅华贵的社交服饰在最近才被注意到。

本书中的24幅插图是珍贵的手工绘画，每一幅画，在细节和颜色上都真实可信、符合实际，在精确度和上色程度上都令人惊叹不已。

创作这些画作的艺术家都是来自晚清王朝的一个著名的宫廷画师家族，他们的官职代代相传，随着王朝的终结而终结，否则我们也不会得到这样一个服饰的汇编。那些很快将不再使用和已经不再使用的服饰，对于将来的研究者来说，是一个标准的参照。对于那些热衷于收藏好书的收藏家来说，从本书的插图中也能发现一些价值。

哈迪·乔伊特

1932年11月15日

上溯至唐朝的皇帝龙袍和典礼服饰

图中礼服的质料是黄色的绸缎，上面绣着丰富而精美的龙纹。衣领平整坚挺，上面绣着图案。这种服装只在如上朝或国家宴会等非常重要的场合才穿。腰带是染色后的丝织物，上面有大量的白色或绿色的玉作为装饰物。与这套衣服搭配的帽子叫「朝冠」，象征着至高无上的朝冠被装饰成绿色和黄色，冠上有两条龙和一颗大珍珠。

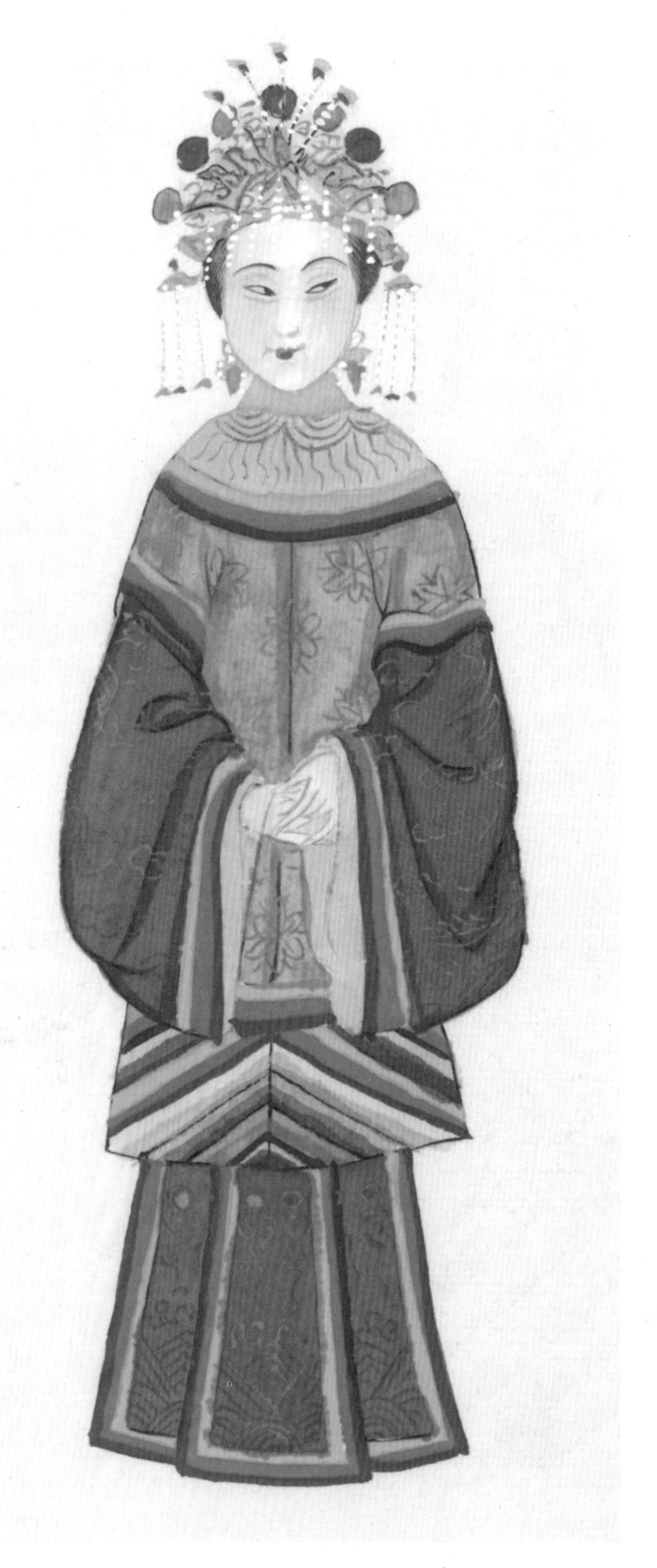

宫廷服饰

图中这套服装是用刺绣精美的丝绸制成的，只供皇后、公主和高级命妇穿戴。服装上多种多样的设计、装饰显示出穿着者的等级——凤凰图样是皇后的专属。披肩也被称作「云肩」，是用丝线精心制作而成的。图中人物头上戴的是凤冠——装饰有凤凰的帽子，最高等级的凤冠只有皇后才能佩戴。有这些饰纹的礼服平时只能被皇室的人穿，但是也有例外。在婚礼上，即使是普通人也可以暂时穿戴有这些纹饰的服饰，但再婚时不行。

中国古代女性的服装

图中所示的是古装，或称古代的服饰。除了在剧院的舞台上，现在几乎很少见到。唐朝的发式被称作「美人鬏」或者「美髻」。

古代文官的官服

图中所示的是较高级别的文官所穿的标准官服 。依据不同的官职品级，唐朝的官服被设计成红色、紫色、绿色和青色，其中紫色官服代表官员的品级最高。清朝官服的前胸和后背各有一块方形的、刺绣精美的补子。补子上不同的图案也是官员等级高低的进一步反映。（在本书插图中没有体现出来）

图中人物的帽子被称为「乌纱帽」。它的佩戴条件很严格，只有丞相或阁老级别的官员才有资格佩戴。①人物手持的一块白色板子叫「朝笏」或「象牙板」，大约1英尺长，是尊贵身份的象征，同时它还有其他的作用，即在笏面上记录当日要在朝堂上讨论的事项。在明朝之前，笏板的使用很频繁，但是之后就不再如此了。

---

①乌纱帽，原是民间一种用黑纱制成的便帽，唐朝时官员和百姓都可戴，宋朝时帽上加有“双翅”，明朝时成为官员专用。

武官的服装——盔甲

图中所示是元帅和高级武将所穿的一套盔甲。图中人物的肩膀和膝盖处的护具是用打磨过的黄铜块制成的，有时候也用金子；其他部位的护具则主要由漆皮革或金属制成。铠甲在心脏部位有一块「护心镜」，由打磨过的金属制成，其头盔也是用金属制成的。

清朝皇帝的朝服

图中所示的这套衣服被称作「衮服」，它的大概样式类似于朝廷高官的服饰，但是皇帝的衣服上饰有刺绣精美的龙形图案。皇帝衣服的另一个标志是服装下摆，不管是前后中缝还是左右两侧都有开衩，其他人只允许在前后中缝有开衩。①皇帝在射箭练习时也会穿这一身服装。

皇帝的朝珠一般有两盘，其他人的只有一盘。帽子顶上的顶珠大多是水晶或珍贵的宝石，饰有丝线。顶珠是区分官员品级的重要标志，红宝石顶珠代表官员的品级最高。图中人物胸前装饰的龙纹是皇室宗亲的专属。

①清朝时，皇帝的朝服以及官员的补服，前后中缝和左右两侧均有开衩。——译者注

清朝皇后的朝服

图中所示的是清朝统治时期最重要的女性（皇后）的朝服。被图中人物穿在外面的服装叫「朝褂」，她胸前的龙形图案是皇室家族的象征。只有皇后的衣服上才能绣凤凰。被穿在朝褂里面的、有宽大袖子的服装叫做朝袍。其里面的衣服叫「衬衣」或者内衣。

图中人物的头饰更是极尽华美。头饰的骨架是用竹子做成的，表面覆以缎子，其上有被固定的金银饰品，通常也有珍贵的宝石和由珍珠组成的花朵。这是满族妇女能拥有的最精致美丽的头饰。皇后和皇太后的朝珠为东珠一盘、珊瑚二盘。满族的新娘在婚礼上被允许穿戴成套的服饰——凤冠霞帔。

清朝高官的官服

外褂或称补服，指装饰有刺绣的、穿在蟒袍外的长褂，清朝的官员们只在正式的庆典等场合上才穿。图中官员帽子上的顶珠是普通顶珠的延伸形式，红色的顶珠代表着这位官员官职一品。他帽子上所插的花翎是皇帝赐予的，是对官员功绩的表彰。他肩膀上覆有布满丰富刺绣的披肩，胸前方形补子上所绣的仙鹤图案，代表着此人是最高品级的文官。

清朝官服——蟒袍

图中所示是一般场合下的官方服饰，在重要场合多被认为是便服。图266中图的外褂必须穿在蟒袍的外面。穿蟒袍时必须佩戴蓝色或绿色的领衣。蟒袍上有大量刺绣，蟒袍下摆边缘处的刺绣图案代表着海水江崖。

将士的服饰

高级别将士的日常工作服饰多是蓝色的。图中将士所穿的短外套被称作「马褂」(或者叫「褂子」),通常是黑色的。图中的「黄马褂」代表着皇帝对这位将士的最高奖励,通常是皇帝代表国家对现役将士的一种奖励。

蒙古人的服饰

图中所示为蒙古贵族的一般服饰。其庆典服饰的颜色多是黄色或蓝色（其他的颜色也是被允许的）。其背心的边缘或者有黑色的刺绣，或者没有刺绣。

佛教僧侣的服饰

图中所示的是佛教僧侣的一般服饰。其整体颜色通常是黄褐色、青灰色或者赤黑色。僧袍的袖子通常是非常长的，衣领是黑色的，大部分僧袍没有刺绣，但是也允许有少量的刺绣。

道士的长袍

追溯到周朝，也就是公元前604年，道士的长袍大多都是蓝色的，但也可以是其他颜色。图中人物的衣领和袖子的边缘处用小小的正方形图案装饰，头上用一个简单的簪子来束住发髻。

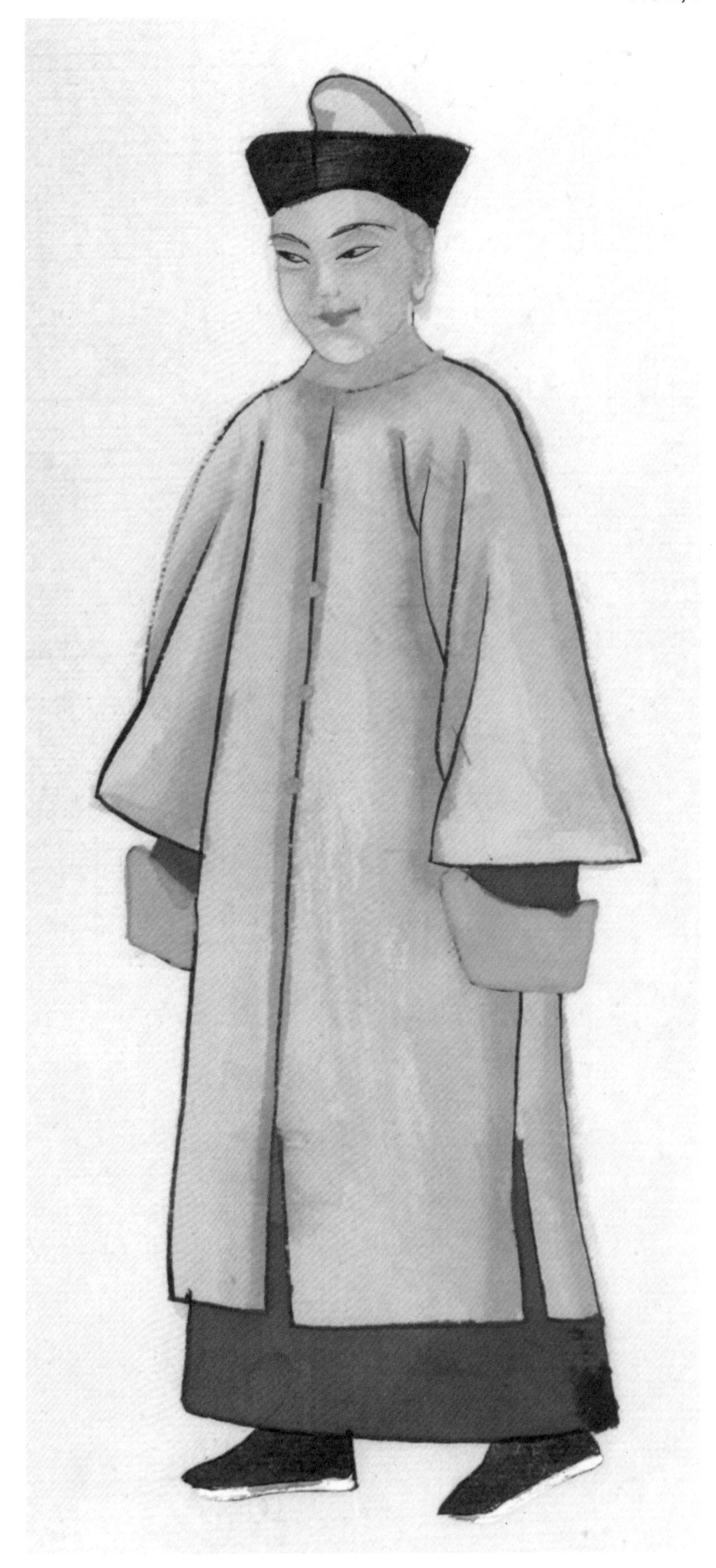

喇嘛的长袍

图中所示的是喇嘛（西藏地区的佛教僧侣）的服饰。长袍是用黄色的棉布制成，长袍里面的衣服是红色的，衣领和袖子的边缘是蓝色的。长袍必须是黄色的，但其里面的衣服可以是紫色或红色的。

满族老年女性的服饰

外套里面的衣服是用刺绣精美的丝绸制成，而且还有宽大的边缘，一般情况下这件衣服是浅绿色或浅蓝色。被穿在外面的多是一件外套，有宽大的袖管，袖口绣着花纹。与满族青年女性的头饰相比，满族老年女性的往往比较小，装饰也不够多，她们的发式被称作「两把头」或者「把儿头」。

汉族老年女性的服饰

外面的罩衣用带有编织花纹的丝绸制成，只在袖子的边缘有刺绣的花纹，裙子是用简单的黑色布料紧密地缝制而成。图中所示的发型是苏州地区的风格。

穿礼服的汉族女性

在一些女性需要出现的官方场合，如婚礼、重要的家庭聚会或社会活动，汉族官员的妻子往往会按照她们丈夫官位的等级穿戴相应的礼服。礼服襟前的纽扣一直扣到最下面。她们一般穿浅色衣服，袖口有精美的刺绣图案，礼服大多长及膝盖。她们胸前的方形图案往往表明了其丈夫的官职级别，并且其后背有一块相同的方形图案，这种礼服在晚清非常流行。图中女性下身是一件红色的褶裙，裙子的褶子特别多，所以通常被称为「百褶裙」。图中女性发型是「圆髻」。

戴冬帽、穿袍服的普通满族女性

满族女性的日常服饰不必考虑等级或者地位。外面的背心和被穿在里面的袍服是用缎子制作的，其上都有刺绣，其边缘处都有缎带。她所戴的帽子被称作「坤秋」，是用绣有花纹的缎带制成的，装饰有染成棕色的、被修剪过貂皮或者紫崖燕羽毛。她穿着木底鞋，是为了更好地遮住脚以显得稳重。

普通满族女性的服饰

像图276中的服饰一样，这件服装是在非官方的场合穿的，但是一般也只有富贵人家的女人才能穿。长背心里面的长袍几乎已完全被外面的服饰遮住了，外面的服饰是图276中出现的短背心的一种延长形式。

满族女性袍服的流行风尚

图中所示的女性所穿的袍服是晚清最为流行的款式，由染色的缎子制作而成，其上还有丰富的刺绣。头饰也是很时髦的，与日常的样式相比在尺寸和比例上更大了。它是由金属丝线组成一个框架，表面覆盖有黑色的缎子和人工仿造的花朵。用一个簪子可以将这个头饰固定在女性的头发上，这好似一顶帽子。

满族女孩的服饰

图中满族女孩的礼服是用刺绣精美的缎子制成的，衣服边缘是用各种彩色丝线绣成的花纹。她的发型是晚清的风格，这种被称作「刘海儿」或者「少女发型」的发型主要适用于未婚的女孩。

汉族女孩的服饰

平民女孩的穿着一般是短外套，宽大的裤子。乡村的女孩一般不穿裙子。头发平分左右，各扎一把。汉族女孩大多裹脚，鞋子上有精美的装饰。

男性穿的丧服

男性穿的丧服是由粗糙的白棉布或者未漂白的粗布制成，帽子上缠有亚麻布条，这被作「披麻」，在举行葬礼期间，即便是早晨也要这样穿戴。在葬礼上送葬者手里的物品是用来引导逝者灵魂的。

女性穿的丧服

女性穿的丧服与男性穿的丧服很相似，但是只有当死者是她的丈夫或者公婆等近亲，她才穿这样的丧服。图中妇女的头部缠以拧成麻花状的白色布条，这被称作「麻花包头」。这一头饰在今天仍然被使用。

本书作者

威廉·亚历山大(William Alexander,1767—1816):生于英国肯特郡,1784年进入皇家美术学院绘画专业学习。1792年作为制图员、马戛尔尼使团随团画家托马斯·希基的助手访问了中国,创作了大量的速写和水彩画。1794年回到伦敦后,亚历山大过了一段写生、以画会友的生活。1802年,成为英国画家军事学院的教师,1808年任大英博物馆古文物部的助理馆员,直至去世。著有《中国服饰》(1805)、《中国服饰和习俗图鉴》(1815)。

乔治·亨利·梅森(George Henry Mason):英军第102团的少校,其生平国内外皆不可考以至有人怀疑这名字只是一个假托。原稿作者广州外销画匠"蒲呱"(Pu Qua)生平也不可考,应该是当时广州外销画最常见的署名之一。其主要活动地点在广州,专长是油画肖像及风景、风俗画,并曾于1769—1771年在英国逗留。

哈迪·乔伊特(Hardy Jowett,1871—1936),中文名周永治,英国亚细亚火油公司经理,曾在华传教、经商、担任公职。曾在湖北省平江县创立培元小学、普爱医院等。

本书主编

赵省伟:"西洋镜""东洋镜""遗失在西方的中国史"系列丛书主编。厦门大学历史系毕业,自2011年起专注于中国历史影像的收藏和出版,藏有海量中国主题的法国、德国报纸和书籍。

本书译者

孙魏:历史学博士,中国社会科学院中国边疆研究所博士后,现任教于郑州航空工业管理学院,著有《明代外交机构研究》等。

邱丽媛,北京大学中文系毕业,现任教于北京华文学院,研究方向为中外文化交流传播,译有《西洋镜:1907,北京—巴黎汽车拉力赛》等。

内容简介

本书主要包含《中国衣冠举止》《中国服饰》《中华服制考略》三个部分。收录了近300幅图片。

《中国衣冠举止》收集了亚历山大仅有的两本著作《中国服饰》《中国服饰和习俗图鉴》及一些罕见单张版画。这是西方画家第一次如此详尽地观察和描绘中国,也是将中国描绘得如此充满神奇浪漫色彩和异国情调的最后一个时期。

《中国服饰》首版于1800年,上至官员贵妇,下至贩夫走卒,笔触无一不及。一经出版,即震撼西方,引起来华热潮。其所绘版画也经常被后人引用,成为西方汉学及艺术史上的永恒经典。

《中华服制考略》首版于1932年,收录中国历代服饰手工绘画24幅,有武将、文官、和尚、闺秀等,均出自著名宫廷画师之手,在细节和颜色上都真实可信、完美地符合实际。

「本系列已出版图书」

第一辑	《西洋镜:海外史料看甲午》
第二辑	《西洋镜:1907，北京—巴黎汽车拉力赛》(节译本)
第三辑	《西洋镜:中国衣冠举止图解》
第四辑	《西洋镜:一个德国建筑师眼中的中国1906—1909》
第五辑	《西洋镜:一个德国飞行员镜头下的中国1933—1936》
第六辑	《西洋镜:一个美国女记者眼中的民国名流》
第七辑	《西洋镜:一个英国战地摄影师镜头下的第二次鸦片战争》
第八辑	《西洋镜:中国园林》
第九辑	《西洋镜:清代风俗人物图鉴》
第十辑	《西洋镜:一个英国艺术家的远东之旅》
第十一辑	《西洋镜:一个英国皇家建筑师画笔下的大清帝国》(全彩本)
第十二辑	《西洋镜:一个英国风光摄影大师镜头下的中国》
第十三辑	《西洋镜:燕京胜迹》
第十四辑	《西洋镜:法国画报记录的晚清1846—1885》(全二册)
第十五辑	《西洋镜:海外史料看李鸿章》(全二册)
第十六辑	《西洋镜:5—14世纪中国雕塑》(全二册)
第十七辑	《西洋镜:中国早期艺术史》(全二册)
第十八辑	《西洋镜:意大利彩色画报记录的中国1899—1938》(全二册)
第十九辑	《西洋镜:〈远东〉杂志记录的晚清1876—1878》(全二册)
第二十辑	《西洋镜:中国屋脊兽》
第二十一辑	《西洋镜:中国宝塔I》(全二册)
第二十二辑	《西洋镜:中国建筑陶艺》
第二十三辑	《西洋镜:五脊六兽》
第二十四辑	《西洋镜:中国园林与18世纪欧洲园林的中国风》(全二册)
第二十五辑	《西洋镜:中国宝塔II》(全二册)
第二十六辑	《西洋镜:北京名胜及三海风景》
第二十七辑	《西洋镜:中国衣冠举止图解》(珍藏版)